JN083895

くらべてわかる
トンボ
尾園 暁
山と溪谷社

目　次

くらべてわかるトンボ図鑑
均翅亜目

くらべてわかるトンボ図鑑
不均翅亜目①

くらべてわかるトンボ図鑑
不均翅亜目②

コラム

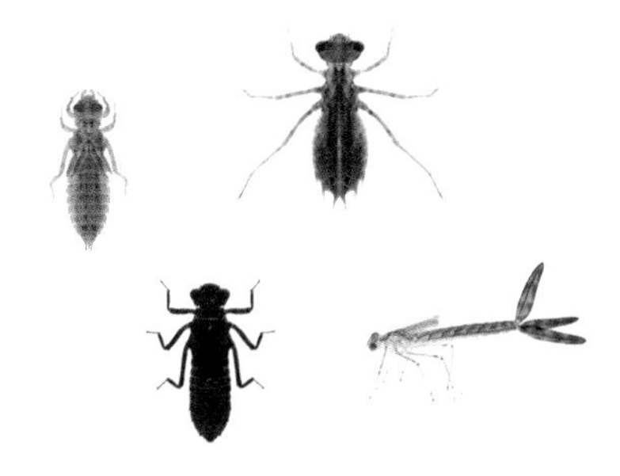

本書の使い方

本書では、日本で記録のあるトンボ206種のうち、本州を中心に分布する約120種を分類ごとに生態写真で紹介しています。観察・撮影したトンボの種類を調べるには、P.12~13の検索表やP.14~36の大きさ・見た目からの検索で大まかに見当をつけてくらべてわかるトンボ図鑑へ。各種の特徴や似ている種とくらべるときのポイントを、引き出し線で詳しく解説しています。

◉見出し
大きさや模様、または仲間（分類）ごとなど、外見でわかる特徴で分けました。

◉リード
そのページに掲載されているトンボの共通の特徴などを記しました。

◉名前
トンボの標準的な和名と学名です。

◉解説
その種を特徴づける一言解説を入れています。

◉マーク
時…時期
そのトンボが見られる季節を「春（3～4月）、初夏（5～6月）、夏（7～8月）、秋（9～11月）」で示しました。

場…場所
そのトンボが見られる場所を「日向の池・日陰の池・源流・上流・小川・中流・下流・湿地・水田・プール」で示しました。それぞれの場所の詳細はP.10~11で紹介。

分…分布
そのトンボの分布を「北海道・四国・本州・九州・沖縄」で示しています。

◉生態写真
本来は捕獲して標本写真と見くらべるのが確実なのですが、近年は野外観察や写真撮影によって昆虫との関わりを楽しむ方が増えてきたことから、できるだけ野外で見かける姿そのまま、生態写真によって見分ける方法をとりました。

◉サイズ
オスとメスのそれぞれの体長を示しています。

◉トンボの行動
産卵、交尾などその写真のトンボの行動を記しました。

◉引き出し線
見分ける上で重要なポイントを示しています。

◉性別と色彩多型
本書で紹介するトンボは全てオスとメス、それぞれ紹介しています。また、トンボは成虫でも未成熟時と成熟後では色彩が大きく変化する種や、同種同性でも色の異なるタイプがあるため、できるだけ複数の型を紹介しています。

◉標本の拡大写真
特に似た種類の間では、頭部や胸部の模様、尾部付属器の形が重要な見分けのポイントになることがあります。生態写真だけでは伝えにくい部分を補足するために、そうした部位を拡大して紹介しています。

くらべてわかるトンボ図鑑　均翅亜目

黄色や赤のイトトンボの仲間

イトトンボ科の仲間には、鮮やかな黄色や赤を身にまとった種がいて、野外で見るととても美しい。オスは比較的簡単に見分けられるが、メスは互いによく似ているので、慎重に見くらべたい。

キイトトンボ
Ceriagrion melanurum

水生植物の豊富な池や湿地で見られる。オスは鮮やかな黄色。
時 初夏～秋　場 日向の池・湿地　分 本州・四国・九州
♂ 31-44mm　♀ 33-48mm

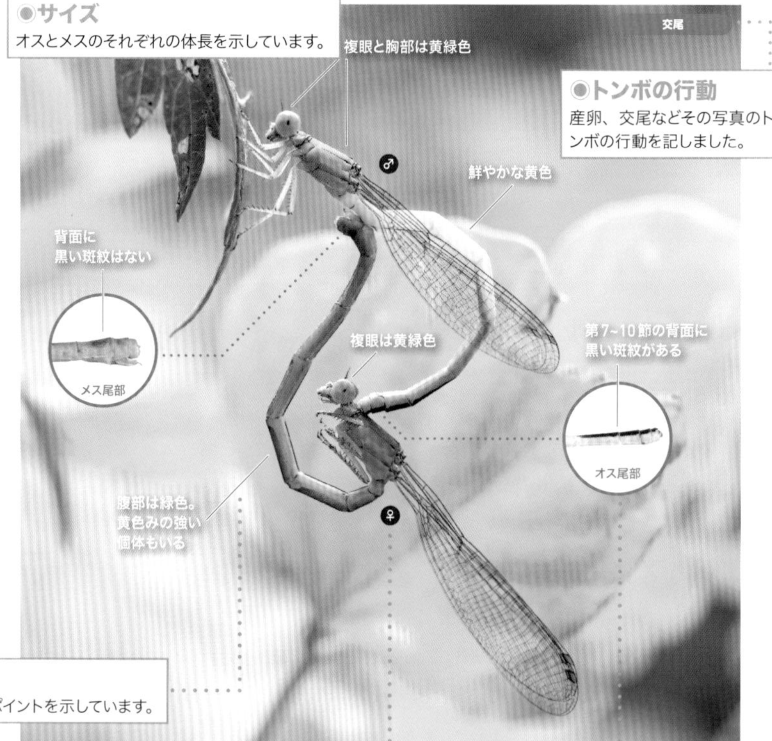

50

◉図鑑でトンボの名前を調べるときは、撮影してみよう

いろいろなトンボの特徴をくらべて名前を調べるには、写真を撮るのが有効な方法の一つです。特に真横から撮影すると、胸部の模様や尾部付属器といった同定に必要な部分がよく見えます。

加えて上方向からも撮影しておくと、横からでは見えなかった頭部や胸部、腹部の模様や尾部付属器の特徴がいっそうよく見え、他の種との違いがよくわかります。トンボは敏感ですぐに逃げると思われがちですが、いくつかのポイントを押さえれば至近距離から撮影できます。ぜひチャレンジしてください。P.58では、トンボの逃げない近づき方を紹介しています。

オオイトトンボを真上から撮影した写真(上)と真横から撮影した写真(下)

◉図鑑を読む前に知っておきたい用語解説

止水域
池や沼、湖など、水がたまっている水域。

流水域
河川や水路など、水が流れている水域。

抽水植物
ヨシやガマ、マコモなど、水辺の岸際などに生育する、一部が水中にあって他の部分が水上に出ている植物。

沈水植物
クロモやエビモなど、全体が水中で生育する植物。

浮葉植物
ヒシやヒツジグサなど、葉が水面に浮かんでいるが、水底から生じている植物。

黄昏(薄暮)活動性
ヤンマ科やトンボ科の一部などに見られる、早朝や夕方の薄暗い時間帯に活発に行動する性質。摂食や配偶行動など、目的はさまざま。

縄張り
トンボのオスはメスを獲得するために、産卵に適した場所でメスを待ち伏せる種が多い。その際に占有する一定の範囲では、他のオスが侵入すると激しく追い払う。種類によって地面などに止まる静止型の縄張り占有と、長時間飛びながら警戒する飛翔型の縄張り占有がある。

パトロール・探雌飛翔
オスが上記の縄張りほど厳密な範囲を設定せず、広範囲を飛び回ってメスを探す行動。あるいはメスがいそうな樹木の枝などを丹念に見回りながら飛ぶ行動。

ペア・連結態
オスが尾部付属器でメスの頭部や胸部をつかみ、連結している状態。

ホバリング
空中の一点で停止するように、ほとんど移動しない飛び方。ヤンマ科の一部やエゾトンボ科でよく見られる。

絶滅のおそれのあるトンボについて

環境省は絶滅の恐れのある野生動物をレッドリストとして発表していますが、この中にはトンボ類も含まれています。
レッドリストは絶滅の危険性が高い順に

- 絶滅危惧IA類 (CR)ごく近い将来における野生での絶滅の危険性が極めて高いもの
- 絶滅危惧IB類 (EN)IA類ほどではないが、近い将来における野生での絶滅の危険性が高いもの
- 絶滅危惧II類 (VU)絶滅の危険が増大している種
- 準絶滅危惧 (NT)現時点での絶滅危険度は小さいが、生息条件の変化によっては「絶滅危惧」に移行する可能性のある種

とカテゴリー区分がされています(絶滅(EX)や情報不足(DD)などを除く)
本書では特に絶滅の危険性が高いと考えられる絶滅危惧IA類 (CR)と絶滅危惧IB類 (EN)のみ表示しました。

●トンボのからだと名称

　この図鑑を使ってトンボの種類を調べる上で必要な用語をまとめました。もっとも大きなグループ分けである均翅亜目と不均翅亜目（＋ムカシトンボ亜目）に分けて説明しています。

均翅亜目

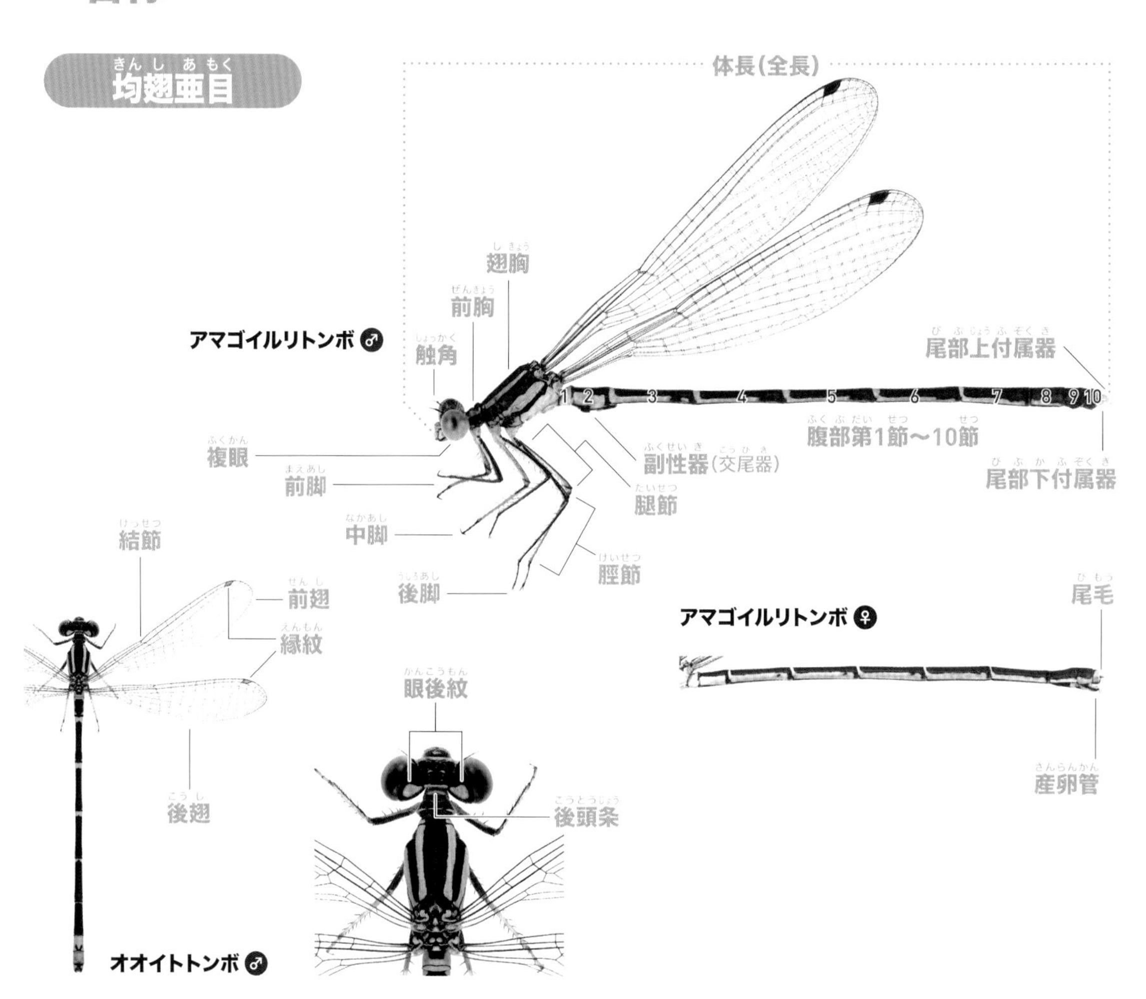

トンボの体の模様

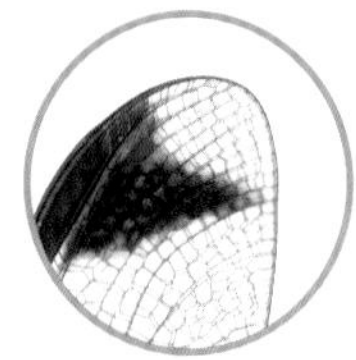

紋、斑紋
円形や三角形、四角形などのまだら模様。

条
縦長の斑紋のこと。黒条、黄色条というように使う。

粉を帯びる（吹く）
シオカラトンボなどに見られる、成熟とともに体の表面に白や青色の粉を帯びること。この白い粉はワックス成分が分泌されたもので、紫外線を遮る効果のあることが知られている。

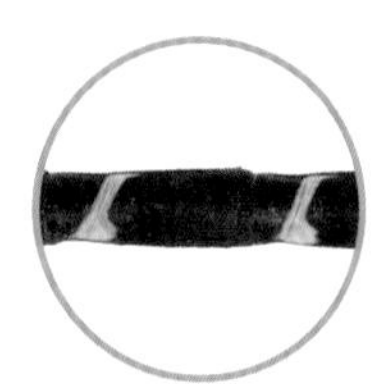

環状紋
腹部をぐるっと取り囲む輪のような斑紋。腹部の各節に1~2本あるとしま模様に見える。

金属光沢
カワトンボ科やエゾトンボ科などには、体が金属のような光沢をもつ種類がいる。

不均翅亜目・ムカシトンボ亜目

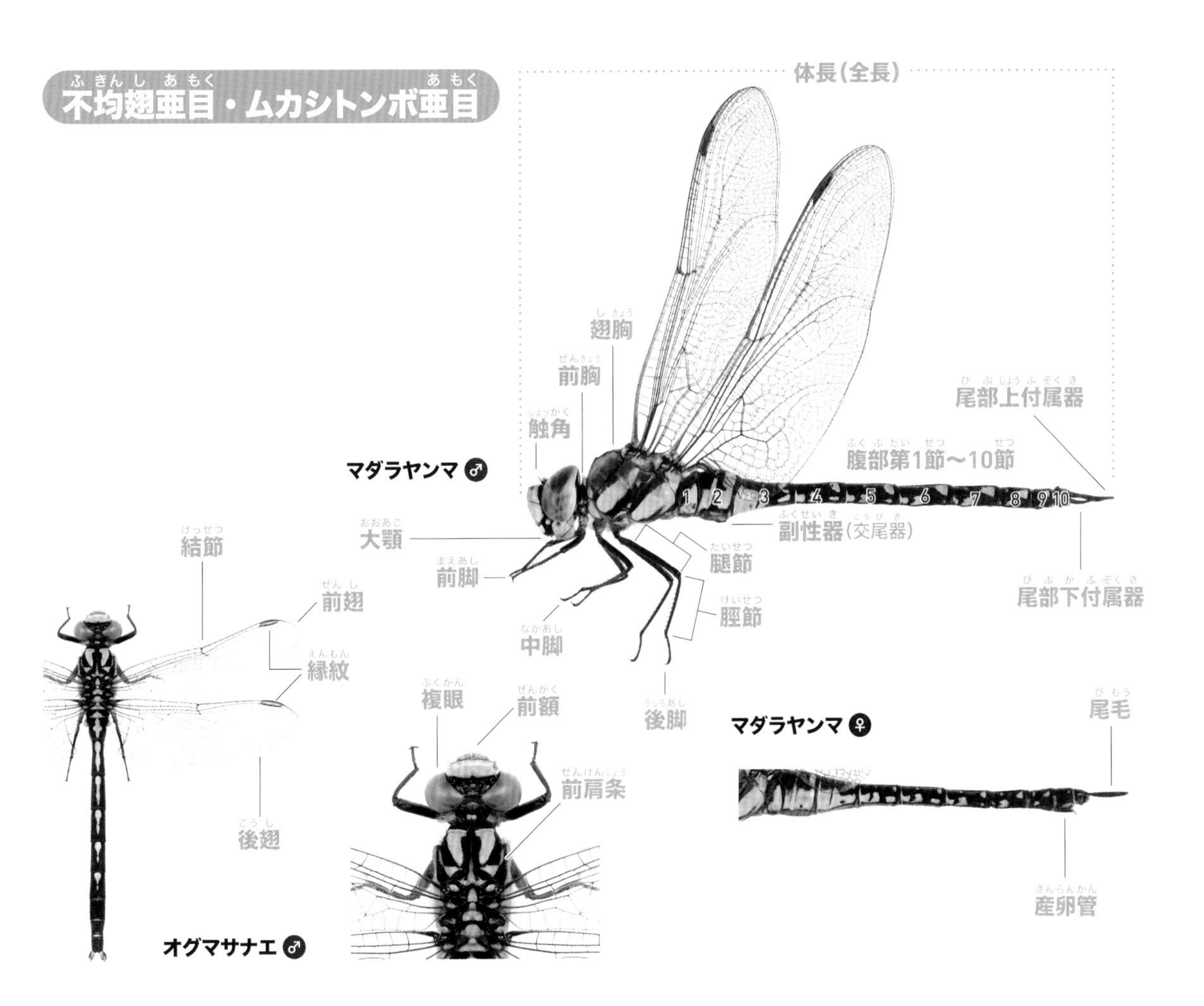

トンボのオスとメスの違い

トンボのオスとメスは副性器の有無で見分けるのが確実です。腹部の付け根（第2・3節）を横から見て突起や出っ張りがあるのがオスと覚えておくといいでしょう。ただし種類によっては見分けにくいことがあります。またオスでは腹部の先に2本の尾部上付属器と、1本ないし2本の尾部下付属器と呼ばれるハサミのような器官があり、交尾の際はこれでメスの頭部か前胸を挟んで連結します。一方、メスには一対の尾毛という器官があります。

オスとメスで体色が異なる種類も多いですが、成熟の度合いや個体による変異があるので体色だけで判断しないようにしましょう。なお、種類によっては翅や腹部の形状にも違いがあります。メスの腹部には先端近くに産卵のための器官があり、第8節に産卵弁というフタ状の器官をもつ科と、第9節に注射針のような産卵管をもつ科に分かれます。前者は水面や泥の表面に卵を産むことが多く、後者は植物の組織内や土の中に産卵管を突き刺して卵を産み付けます。

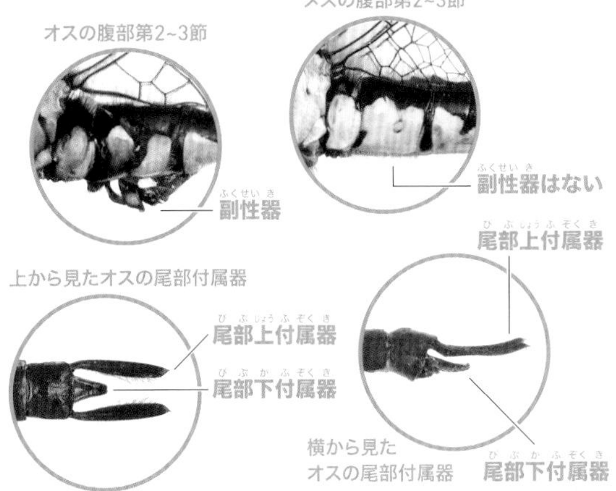

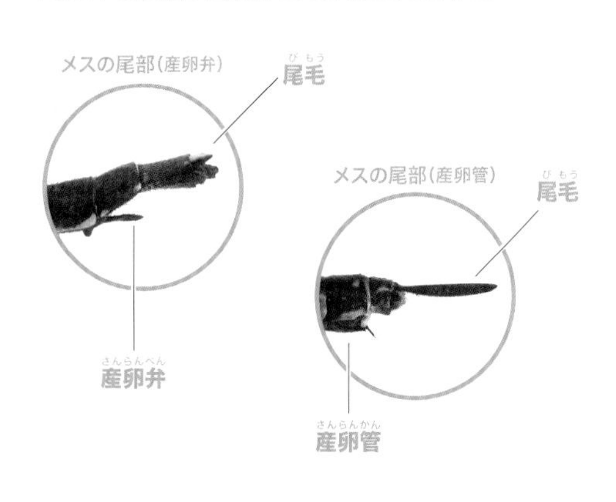

◉トンボの一生

トンボは生涯を通じて水辺との深い関わりをもつ昆虫で、その一生は驚くべき変化と興味深い行動に満ちています。ここでは卵から幼虫にかけての生活ぶり、そして水中から空中へと劇的な変身を遂げる羽化から成虫の繁殖行動までを詳しく見てみましょう。

【卵】

トンボの卵は直接水の中に産み落とされるもの、湿った地面にばらまかれるもの、植物の組織内に産みつけられるものなどさまざまです。卵からはやがて幼虫が出てきますが、これを孵化といいます。孵化までの期間は10日前後のものから、100日以上のものまで種類や環境によってさまざまです。アオイトトンボ科やアカトンボ属の大半のように卵で冬を越し、翌年春に孵化する種類もいます。

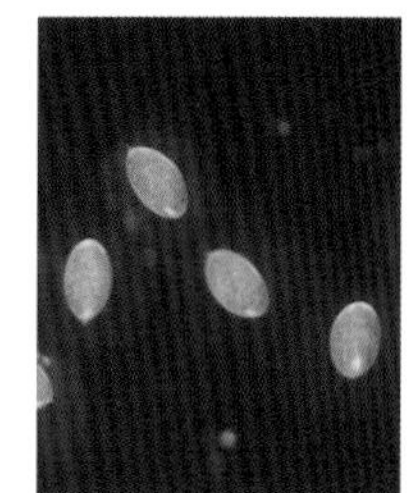

植物組織内に産み付けられる卵の例：ギンヤンマ(左)、水中に直接産み落とされる卵の例：シオカラトンボ(右)

【幼虫(ヤゴ)】

トンボの幼虫は、そのほとんどが水中で生活しています。種類によってさまざまな形をしていますが、その多くは枯葉や泥に隠れて身を隠すためのものです。幼虫は成虫と同様に肉食性で、ミジンコ類やユスリカの幼虫、大型の種では魚などを捕まえて食べます。餌になる生き物を見つけると、下唇(かしん)と呼ばれる部分をマジックハンドのように伸ばしてその先にある歯状の部分で挟んで捕まえます。餌を食べた幼虫は10回前後の脱皮をして大きくなりますが、幼虫の期間も種類によってさまざまで、短いものでは1ヶ月ほど、長いものでは5年以上かかると言われています。

メダカを捕食するギンヤンマの幼虫

【羽化】

トンボは蛹(さなぎ)の期間がなく、幼虫から直接成虫になる「不完全変態」の昆虫です。十分に成長した幼虫は水中から這い出し、石や植物につかまって最後の脱皮、羽化をします。羽化には大きく分けて2つのタイプがあります。1つは「直立型」といい、幼虫の殻から抜け出すとき、体を真っすぐ立ち上げた状態になるものです。直立型の羽化をするトンボは、地面や倒れた植物の上など、平面上でも羽化することができます。羽化に要する時間は短く、開始から30分～1時間ほどで飛び立つことができます。均翅亜目の大半と不均翅亜目のサナエトンボ科などがこの方法で羽化します。もう1つは倒垂型といい、幼虫の殻から抜け出す時に大きく後ろに反り返った状態になるものです。その性質上、植物の茎や足がかりのよい壁面など、垂直に近いものにつかまる必要があります。羽化にかかる時間は長く、飛び立てるようになるまで3時間以上かかるものが多いです。ムカシトンボ亜目と不均翅亜目の大半がこの方法で羽化を行います。

ヤマサナエの羽化(直立型)

ムカシトンボの羽化(倒垂型)

【成虫】

羽化したばかりの成虫は、体が柔かくて色も薄く、敏捷に飛ぶことができません。その後もしばらくは交尾や産卵などの生殖活動はできません。この期間を未成熟期や前生殖期と呼びます。未成熟な成虫は水辺近くの草むらや林で捕食活動をおもに行いますが、中にはアキアカネのように100km以上も移動して、涼しい山の上で未成熟期を過ごす種類もいます。未成熟期の長さも種類によってまちまちで、短いものでは数日、長いものでは成虫で越冬するオツネントンボなど、半年近くに及ぶものもあります。そうして未成熟期を過ごしながらしっかりと体が固まり、繁殖行動が行えるようになることを「成熟」といいます。成熟すると特にオスでは体色が鮮やかに変化する種類が多くいます。成熟したトンボは繁殖のため、水辺に戻ってきます。特にオスは産卵にやってくるメスを待つために、水辺でなわばりを作ったり、パトロール飛翔するため、その姿が目立ちます。一方でメスは産卵するときだけ水辺に現れることが多いので、あまり目につきません。

シオカラトンボの未成熟オス(上)と成熟したオス(下)。未成熟なオスはメスに似た体色をしている

【交尾】

水辺で縄張りを占有したりパトロールしているオスは、メスを見つけると一気に飛びかかり、腹部の先にある尾部付属器でメスの後頭部や前胸をはさみ、連結します。オスとメスがつながって飛んでいるのはこの状態です。次にオスは腹部の先にある精巣から腹部の付け根（第2~3節）にある副性器（交尾器）に精子を移す「移精」という行動を行いますが、縄張り占有中などに済ませておくこともあるようです。移精の終わっているオスは腹部を一瞬強く曲げ、メスに合図を送ります。するとメスはそれに応じて腹部の先端にある生殖器をオスの副性器に当てがい、リング状（種類によってはハート状）になって交尾が成立します。交尾にかかる時間はさまざまで、飛びながらほんの数秒で終わる種類もいれば、枝などに止まって数時間にわたり交尾する種類もいます。

ネキトンボの連結飛行。オスがメスの頭部を尾部付属器ではさんでいる状態

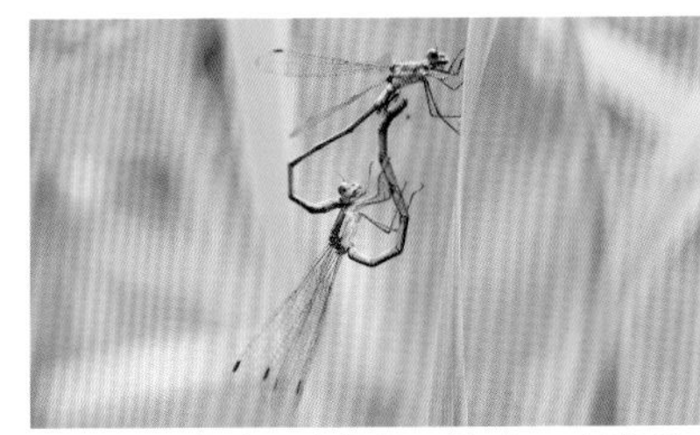

アオイトトンボの交尾。腹部が長い種ではハート型に見えることがある

【産卵】

交尾が終わるとメスは水辺に産卵します。トンボの産卵方法は実に変化に富んでいます。メスが産卵管（P.7）を持つ種類では、植物の組織内や泥（土）、コケの中に産卵管を差し込み、卵を産み付けます。このグループは必ずその対象物や周辺に静止して（止まって）産卵します。一方、メスが産卵弁（P.7）をもつ種類では、腹端部で水面や泥を打つ、空中から湿った地面にばら撒く、いったん卵塊を形成してから水中に産み落とす、といった方法で産卵します。このグループでは飛びながら産卵する種類が多いです。メスが産卵している間、オスは連結したまま、あるいは連結を解いて近くで見張っていることがあります。これはメスを他のオスに奪われないためで、特に連結を解いているタイプでは、他のオスが接近してくると猛然と追い払います。この行動を「産卵警護」と呼びます。なお、それぞれの産卵方法には呼び名があり、たとえばメスが腹端部で水面を打って産卵するのは「打水産卵」、空中から腹部を振って卵を飛ばすのは「打空産卵」といい、オスと連結したまま打水産卵する場合は「連結打水産卵」という使い方をします。

産卵管を使って朽木に産卵するネアカヨシヤンマ

打水産卵するシオカラトンボのメスと産卵警護するオス

●トンボのすむ環境

トンボはさまざまな水辺環境で見られる昆虫ですが、大きく分けて止水性の種類と流水性の種類があります。さらによく観察すると、種類によって好む水辺に細かく違いがあることがわかります。ごく限られた環境にしか生息しない種もいれば、適応力が高く多様な環境に広く生息する種もいます。

【源流・上流】

川幅はせまく、比較的勾配のある流れで水温は低い。樹林の中を流れ、木陰が多い。ムカシトンボやヒメクロサナエ、クロサナエ、アサヒナカワトンボやカラスヤンマ、ミルンヤンマなどが生息する。

【小川・細流】

湿地や山裾の湧き水から流れ出る、勾配が緩く細い流れのことで、オニヤンマやキイロサナエ、ニホンカワトンボなどが生息する。大きな河川の中流域にすむコシボソヤンマなどが見られることもある。

【中流】

川幅が広がり、落差や勾配、流速も上流にくらべやや緩やかになる。底質は細かな砂利や砂、うっすらと泥が堆積した部分もある。日当たりがよく、岸辺にはツルヨシやミゾソバなどの植物が繁茂することが多い。アオハダトンボやグンバイトンボ、アオサナエやコシボソヤンマ、コヤマトンボなどが生息する。

【下流】

川幅は中流よりさらに広くなり、流れはより緩やかに、水深も深くなる。岸辺にはヨシなどの群落が広がり、淀んだ場所には沈水植物が繁茂することもある。ハグロトンボやセスジイトトンボ、メガネサナエ属の各種などが生息するほか、本来は止水域にすむトンボ類もよく見られる。河口のヨシ原に、ヒヌマイトトンボが生息していることがある。

【日向の池】

標高や池の大きさ、成り立ちで植生や生息するトンボが異なる。平野部ではアオイトトンボ科、イトトンボ科、ヤンマ科、トンボ科などの止水性の種類が多く生息する。冷涼な高原の池では、エゾイトトンボ属の各種やルリイトトンボ、ムツアカネなどが生息。風で波立つような大湖ではホンサナエやコヤマトンボのような流水性の種類が生息することもある。

【日陰の池】

丘陵地や谷戸と呼ばれる環境には、樹林に囲まれて日陰の部分が多い小さな池や水たまりがよく見られる。水生植物は貧弱で、落ち葉が堆積していることが多い。モノサシトンボやヤブヤンマ、オオアオイトトンボ、コシアキトンボ、タカネトンボなどが生息する。

【湿地】

たっぷりと水分を含む土地、またはいつも浅い水で覆われている土地のことで、その立地や植生によって生息するトンボが異なる。

高層・低層湿原：おもに山間部にあるミズゴケ群落が発達する湿原で、カラカネイトトンボやカオジロトンボ、ホソミモリトンボやルリボシヤンマなどが生息。

丘陵地の湿地：谷あいや谷戸にできた湿地で、もとは水田だった場所も含まれる。スゲ類やカヤツリグサ類、セリやミゾソバなどが繁茂し、モートンイトトンボやサラサヤンマ、エゾトンボやヒメアカネなどが生息。

海岸沿いの湿地：海岸の後背地にできた水たまりや湿地、岩礁地帯にできた真水（雨水）の水たまり。アオモンイトトンボやギンヤンマ、タイリクアカネなどが生息する。広島県の宮島では汽水域の海浜湿地にミヤジマトンボが生息。

【水田】

水田は比較的単調な人工水域で、生息するトンボは限られるが、アキアカネやナツアカネなどアカトンボ属の重要な発生地になっていることもある。カトリヤンマやモートンイトトンボなども生息しているが、農薬や耕作方法の変更、区画整理などの影響でトンボ類は激減している。

【プール】

秋から翌年の初夏にかけて使用されていない期間に、ギンヤンマやウスバキトンボ、ショウジョウトンボやコノシメトンボ、タイリクアカネ、シオカラトンボなどが発生することがある。

◉トンボのグループを調べてみよう

トンボのグループを検索するためのページです。初心者の方であっても、見つけたトンボのグループをある程度しぼることができるように、見た目でわかりやすい形態や生態の特徴のみを紹介しました。P.14~36の「大きさと見た目から検索」とあわせて使うとよりわかりやすいでしょう。各グループの詳しい説明を知りたい方はP.38、P.60、P.90を参照してください。

Step.1 均翅亜目か不均翅亜目かを調べる

体が細長く翅の形が前後ほぼ同じ形
均翅亜目

体が太く前翅より後翅の方が広い
不均翅亜目
(ムカシトンボ亜目含む)

Step.2 特徴からグループをしぼってみよう

均翅亜目

体に金属光沢がある

アオイトトンボ科
P.40 ～ 41
斜めにぶら下がり、
翅を開いて止まる種が多い。
池や沼、
湿地など止水域にいる。
左右の複眼は離れている。
体長約3.5~5.5cm。

カワトンボ科
P.54 ～ 57
ほぼ水平な姿勢で、
翅を閉じて止まる。
河川など流水域にいる。
左右の複眼は離れている。
翅に色が付いている種が多い。
体長約4.5~8.0cm。

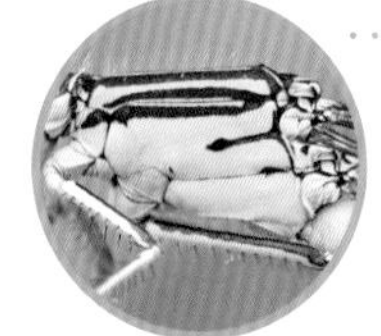

体に金属光沢がない

モノサシトンボ科
P.42 ～ 43
少し斜めの姿勢で、
翅を閉じて止まる。
河川、池沼、湿地に生息。
オスの脚が白くなる種がいる。
腹部に定規(モノサシ)のような模様がある。
左右の複眼は大きく離れる。
体長約3.5~5cm。

イトトンボ科
P.44 ～ 53
水平～少し斜めの姿勢で、
翅を閉じて止まる
(少し広げるものもいる)。
池沼、湿地、河川などの
植生豊かで明るい環境に多い。
色や模様はさまざま。
左右の複眼は離れている。
体長約2~5cm。

不均翅亜目（ムカシトンボ亜目含む）

複眼が離れている

実際は不均翅亜目ではなく
ムカシトンボ亜目に属する（P.60）

ムカシトンボ科

P.62

複眼の色は明るい灰褐色。
ぶら下がり姿勢で、
翅を半開き〜閉じて止まる。
河川の源流域に生息し、春に出現。
黄色と黒のしま模様。
前後の翅の形はほぼ同じ。
中型種（体長約4.5~5.5cm）。

ムカシヤンマ科

P.63

複眼の色は黒褐色。
ほぼ水平な姿勢で、
翅を広げて止まる。
湿地や水の滲み出る崖に生息し、
春〜初夏に出現。
黄色と黒のしま模様。
大型種（体長約6.5~8cm）。

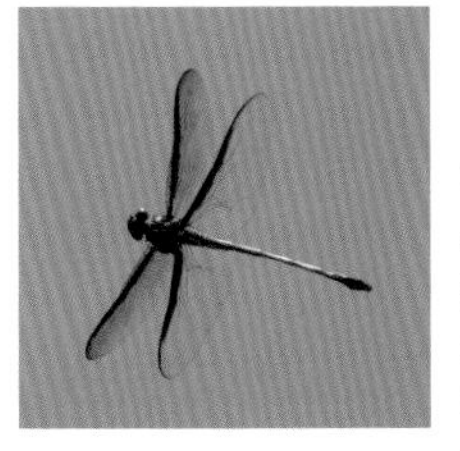

ミナミヤンマ科

P.65

複眼は緑色。
ぶら下がり姿勢で、
翅を広げて止まる。
河川の上流域に生息し、
初夏〜夏に出現。
黄色と黒のしま模様。
大型種（体長約7~9cm）。

サナエトンボ科

P.72~80

複眼の色は緑色。
ほぼ水平な姿勢で、
翅を広げて止まる。
河川、池沼、湿地に生息し、
春〜晩夏に出現。
黄色と黒のしま模様。
体長約4~9.3cm。

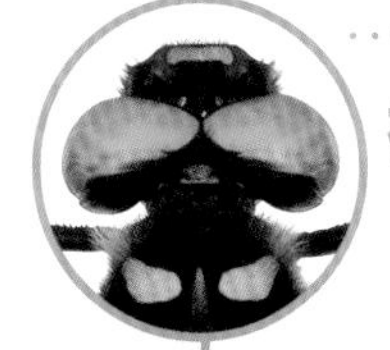

複眼が短い線で接する

エゾトンボ科

P.82~84

胸部に金属光沢がある種が
多い。
模様の少ない種が多い。
複眼は緑色。
斜めにぶら下がり、
翅を広げて止まる。
中型種（体長4~7.5cm）。

ヤマトンボ科

P.86~87

胸部に金属光沢がある。
黄色と黒のしま模様。
複眼は緑色。
斜めにぶら下がり、
翅を広げて止まる。
大型種（体長約7~9cm）。
河川、池沼に生息。

オニヤンマ科

P.64

黄色と黒のしま模様。
複眼は緑色。
斜めにぶら下がり、
翅を広げて止まる。
小川や湿地などに生息。
夏を中心に活動。
大型種（体長8~11cm）。

トンボ科

P.92~110

鮮やかな色の種が多い。
水平に近い姿勢で、
翅を広げて止まる。
池沼、湿地、水田、プール、
河川に生息。
止水環境に多い。
体長約2~6cm。

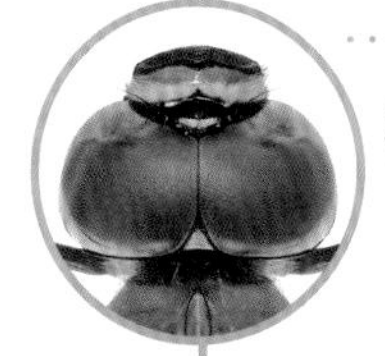

複眼が長い線で接する

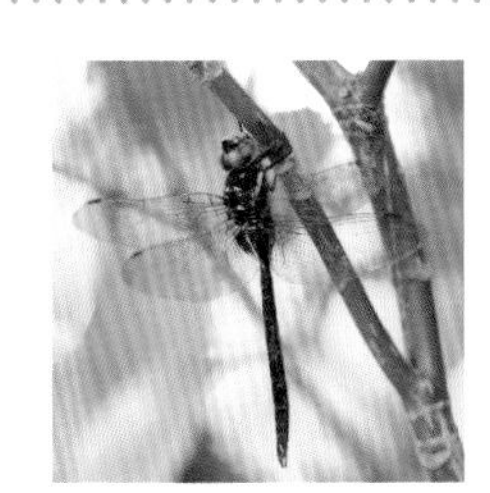

ヤンマ科

P.66~71

ぶら下がり姿勢で、翅を開いて止まる。
河川、池沼、湿地、水田、プールなどに生息。
色や模様はさまざま。
朝夕の薄暮時に活動する種類が多い。
大型種が多い（体長約5.7~9.5cm）。

大きさと見た目から検索（原寸大サイズ）

原寸大サイズのトンボの標本写真を掲載しています。名前のわからないトンボがいたら、ここで大きさや見た目から見当をつけた後、詳細を図鑑ページで調べると良いでしょう。検索の参考になりやすいように簡単に特徴も加えました。

アオイトトンボ科

オツネントンボ ▶P.40

抽水植物の生える池にすむ。成虫で越冬するトンボのひとつ。ほぼ年中。

ホソミオツネントンボ ▶P.40

成虫で越冬するトンボ。春になると褐色の体が青くなる。ほぼ年中。

アオイトトンボ ▶P.41

抽水植物の生える明るい池にすむ。金属光沢があり、オスは白い粉を帯びる。初夏～秋。

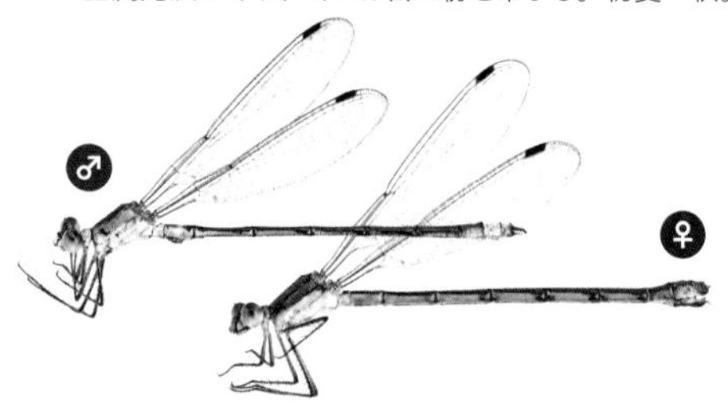

オオアオイトトンボ ▶P.41

木陰のある池を好む。胸部や腹部には金属光沢がある。初夏～秋。

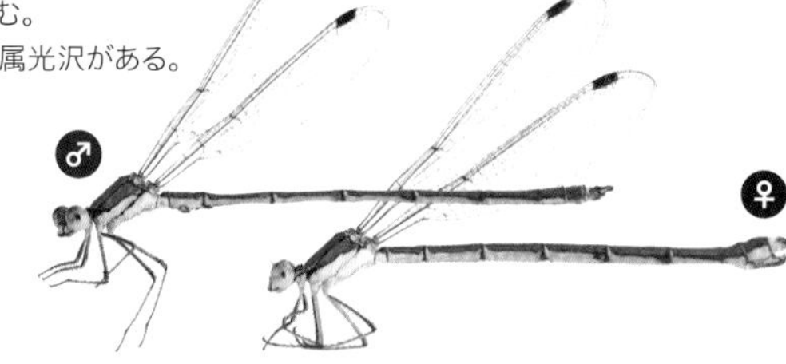

コバネアオイトトンボ ▶P.41

抽水植物の豊富な池にすむ。オスの複眼は青い。初夏～秋。

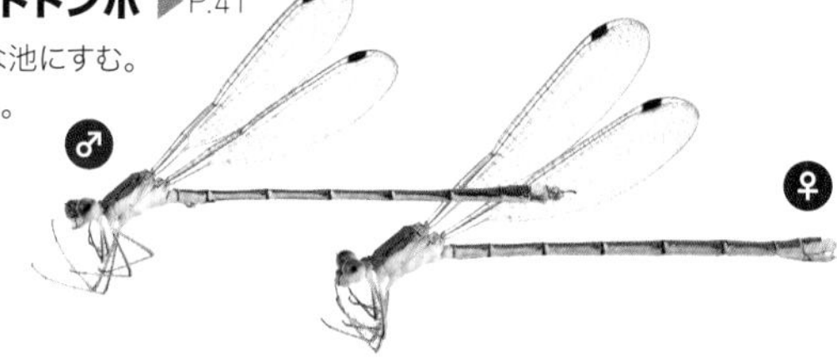

モノサシトンボ科

グンバイトンボ ▶P.42

流れの緩やかな川にすむ。オスの脚には白く広がる部分がある。初夏～夏。

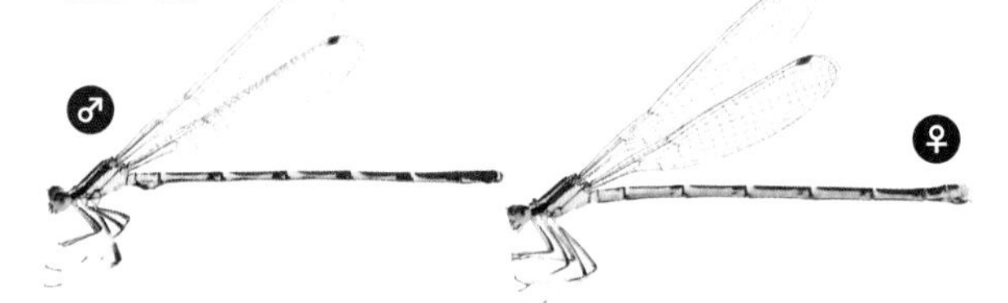

モノサシトンボ ▶P.43

木陰のある池を好む。腹部には定規の目盛りのような模様がある。初夏～秋。

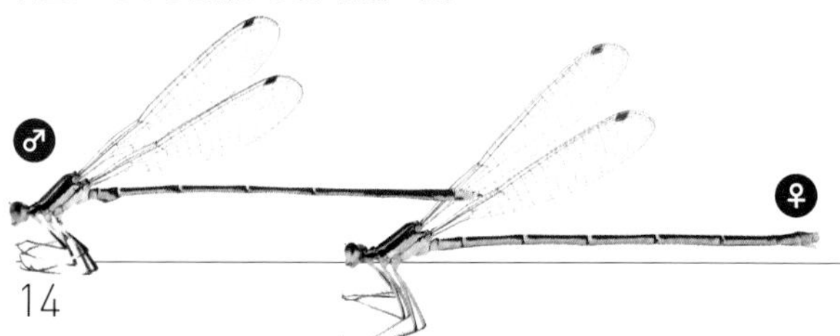

アマゴイルリトンボ ▶P.42

おもに東北地方に分布する。オスの体は青い。初夏～夏。

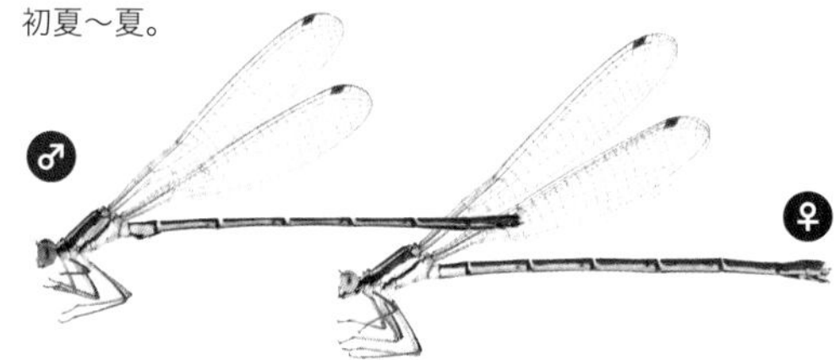

オオモノサシトンボ ▶P.43

関東・東北地方の植生豊かな池にすむ。絶滅危惧種に指定されている。初夏～夏。

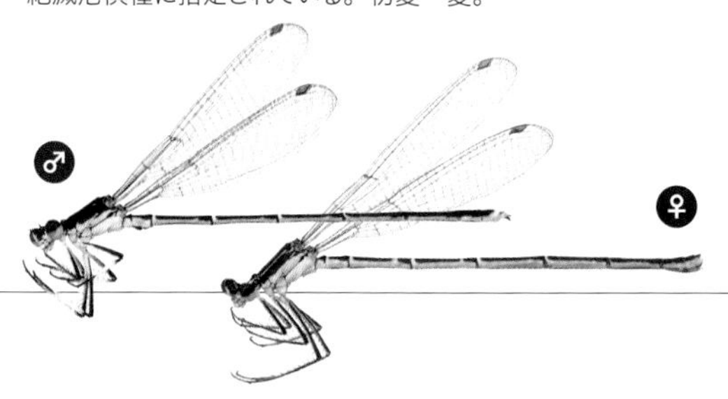

イトトンボ科

オオイトトンボ ▶P.45

植物の豊富な池や湿地にすむ。
メスには青と緑の2型がある。
春～秋。

♂
♀（緑色）
♀（青色）

セスジイトトンボ ▶P.45

植物の豊富な池や流れの緩やかな川にすむ。
オスの複眼は緑色。春～秋。

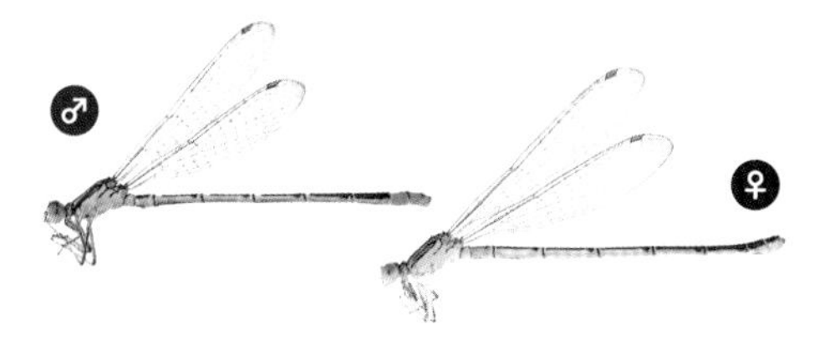

オオセスジイトトンボ ▶P.44

国産イトトンボ科の最大種。平地の植物の豊富な池にすむ。
絶滅危惧種に指定。初夏～夏。

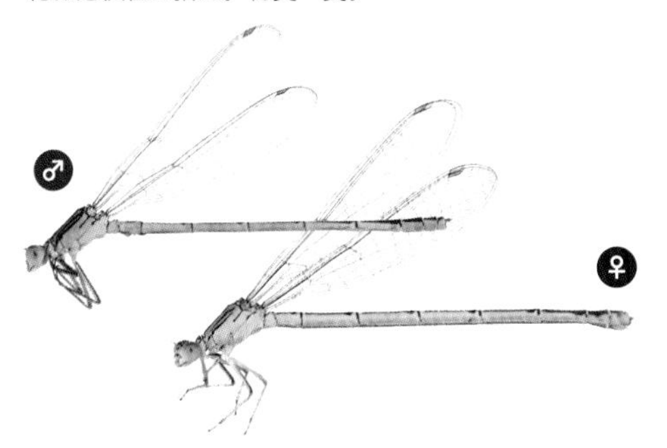

ルリイトトンボ ▶P.47

山地や寒冷地の水生植物の豊富な池にすむ。
メスは青と緑の2型がある。初夏～夏。

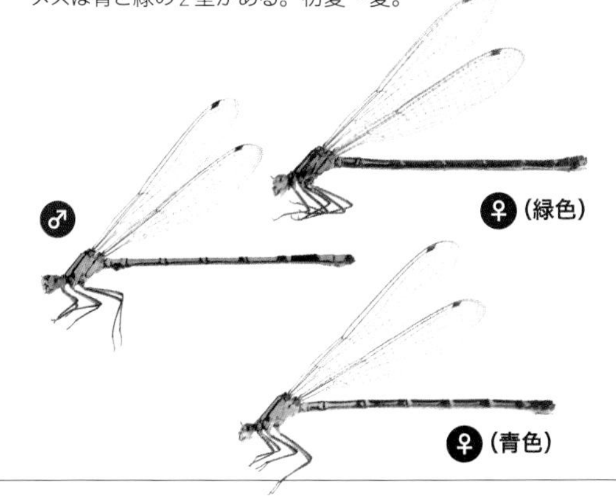

クロイトトンボ ▶P.44

最も普通に見られるイトトンボの一種。
メスには緑と青の2型がある。
オスは青白い粉を帯びる。春～秋。

♀（緑色）
♂
♀（青色）

ムスジイトトンボ ▶P.45

温暖な平野部の池にすみ、海岸近くの池でも見られる。
オスの複眼は青い。春～秋。

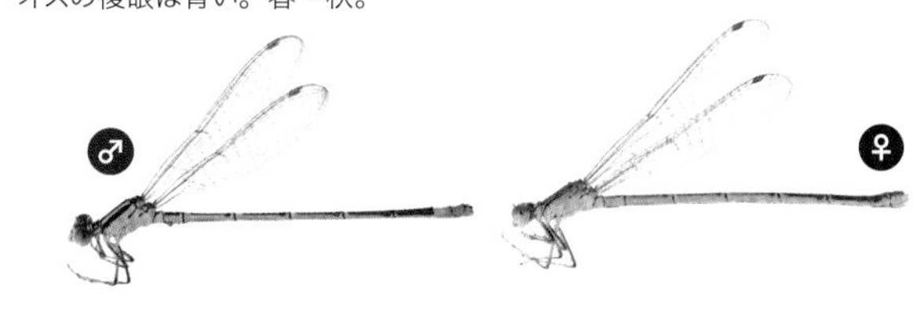

ホソミイトトンボ ▶P.47

夏に発生して繁殖する夏型と、晩夏に発生して越冬し、
春に繁殖する越冬型がある。ほぼ年中。

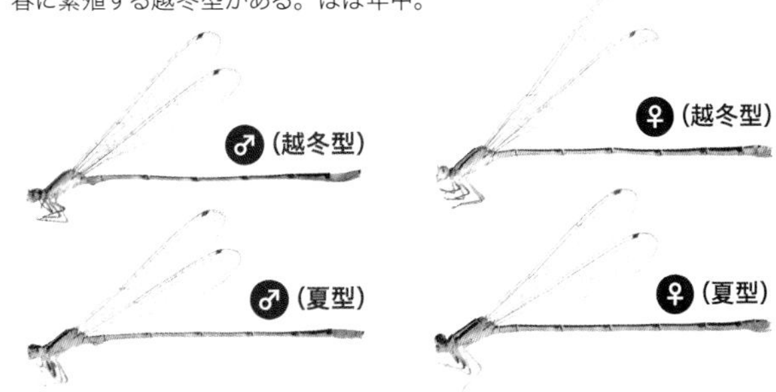

オゼイトトンボ ▶P.46

山地や寒冷地の浅い湿地にすむ。オスの腹部の
背面にはワイングラス型の斑紋がある（P.49）。
メスには青と緑の2型がある。初夏。

♀（青色）

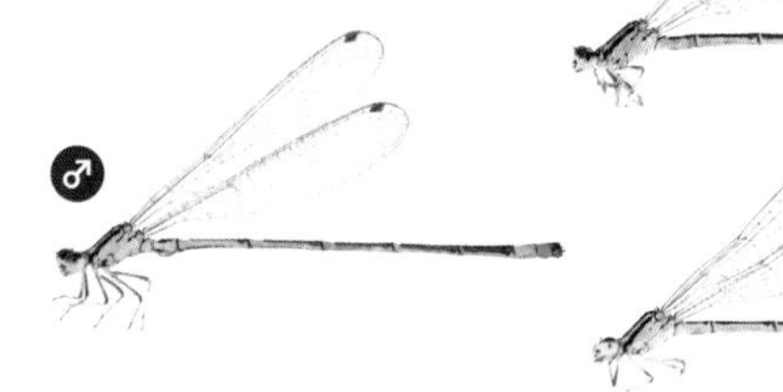

♀（緑色）

エゾイトトンボ ▶P.46

山地や寒冷地の池や湿地にすむ。オスの腹部の
背面にはスペード型の斑紋がある（P.49）。
メスには青と緑の2型がある。春～夏。

♀（青色）
♂
♀（緑色）

イトトンボ科

アオモンイトトンボ ▶P.48

おもに平野部の池で見られる。
メスにはオスと同じ体色をしたものもいる。春～秋。

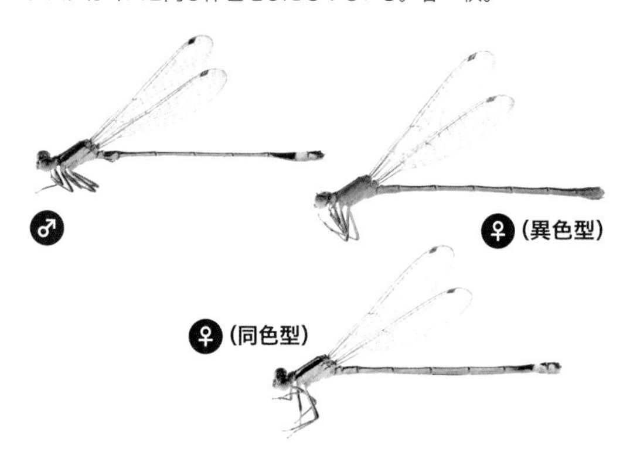

キイトトンボ ▶P.50

水生植物の豊富な池や湿地で見られる。オスは鮮やかな黄色。
初夏～秋。

ヒヌマイトトンボ ▶P.52

河口近くのヨシ原に生息する。絶滅危惧種に指定。初夏～夏。

カラカネイトトンボ ▶P.53

北海道や本州の寒冷な湿地に生息する小さなイトトンボ。
体の一部に金属光沢がある。初夏～夏。

アジアイトトンボ ▶P.48

おもに平野部の湿地や池で見られる小型のイトトンボ。春～秋。

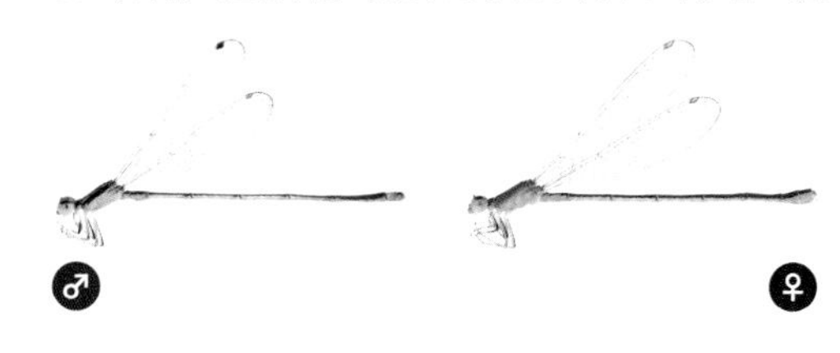

リュウキュウベニイトトンボ ▶P.51

温暖な地域の植生豊富な湿地や池にすむ。関東地方では外来種。
初夏～秋。

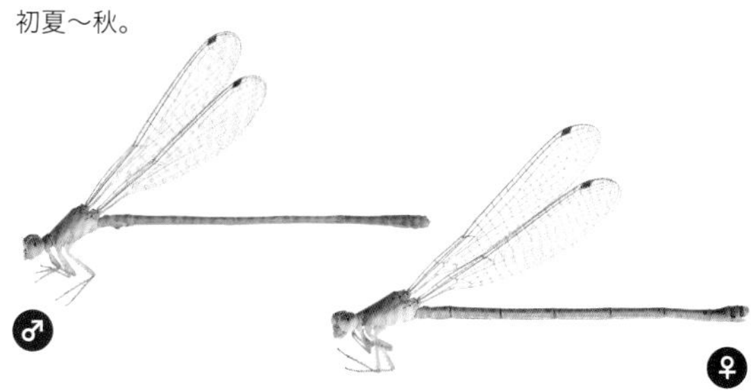

ベニイトトンボ ▶P.51

水生植物の豊富な池で見られる。オスは鮮やかな赤色。
初夏～秋。

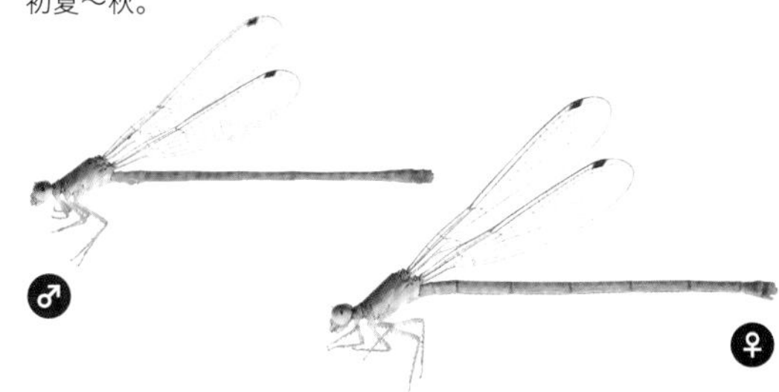

コフキヒメイトトンボ ▶P.53

四国・九州以南の湿地に生息する小さなイトトンボ。
オスの胸部は白い粉に覆われている。初夏～秋。

モートンイトトンボ ▶P.52

植物の豊富な湿地で見られる小型のイトトンボ。
メスは成熟に伴い橙色から緑色に変化する。初夏。

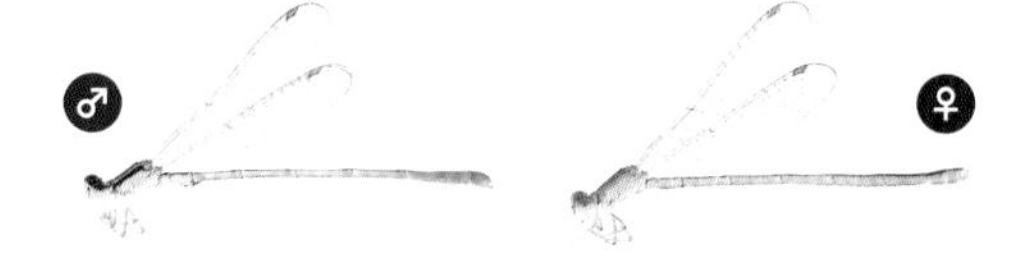

カワトンボ科

アサヒナカワトンボ ▶P.54

おもに川の上流部にすむ。オスの翅は橙色の個体と無色の個体がいる。
春～初夏。

ニホンカワトンボ ▶P.55

川の上・中流域にすむ。
オスの翅は橙色か無色、淡橙色。
メスの翅は無色か淡橙色。
春～初夏。

ミヤマカワトンボ ▶P.56

もっとも大型のカワトンボ類。
川の上流域にすむ。春～夏。

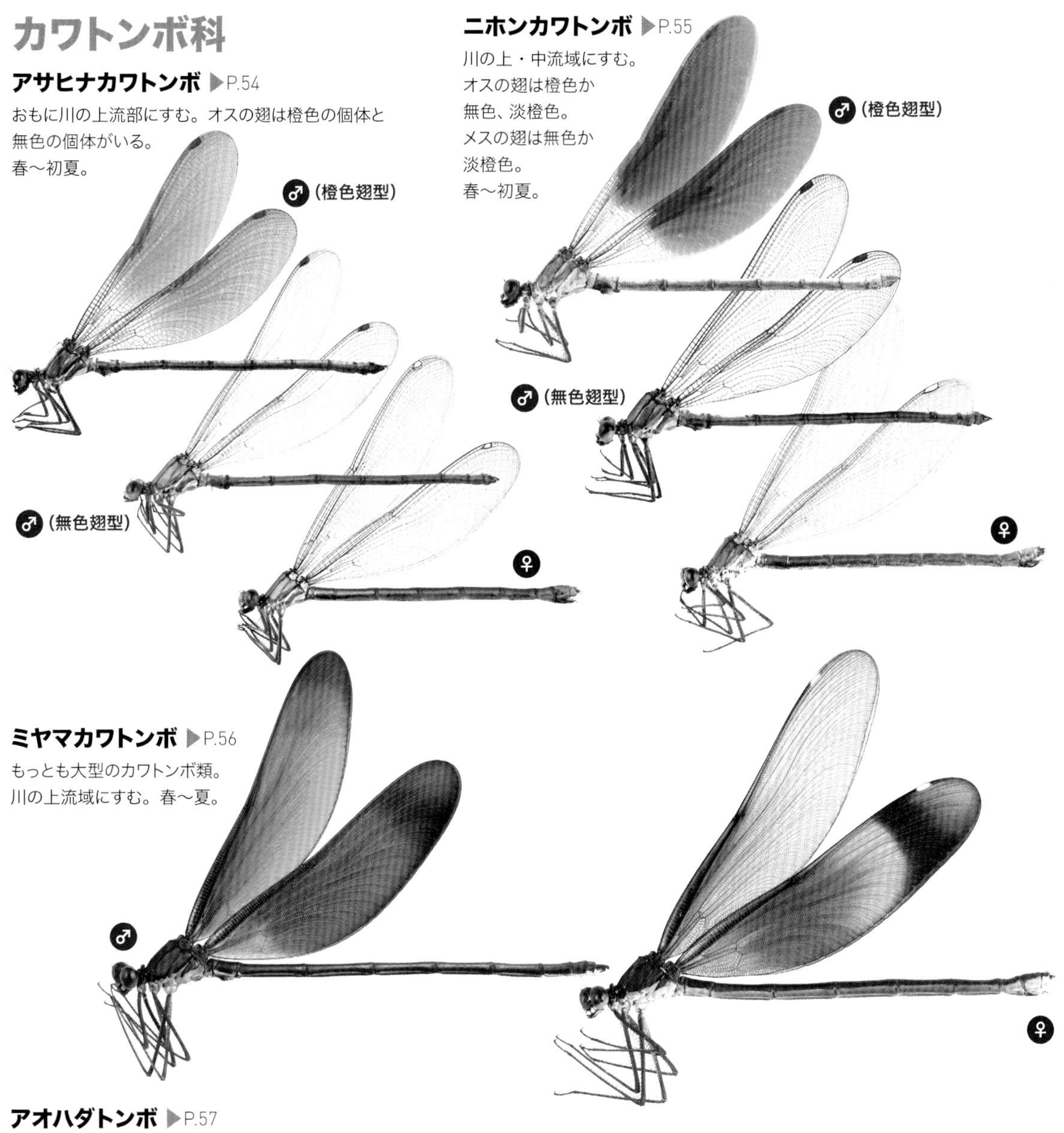

アオハダトンボ ▶P.57

体の金属光沢が強く、オスの翅は青く輝く。
川の中流域にすむ。
初夏。

ハグロトンボ ▶P.57

オスの翅は黒。
川の中～下流域にすむ。
初夏～秋。

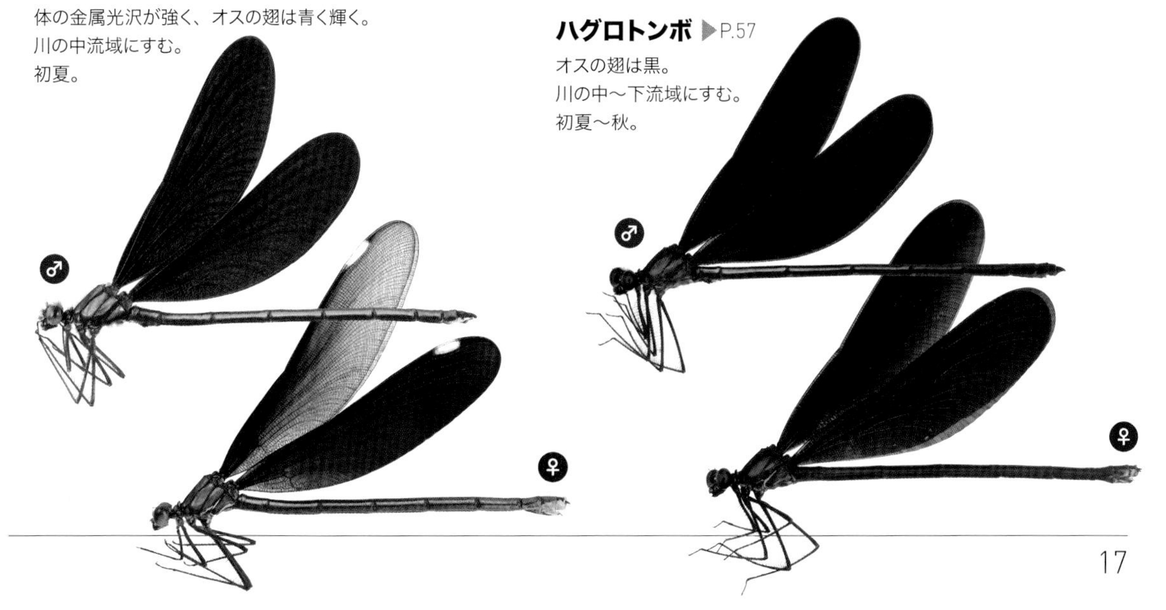

ムカシトンボ科

ムカシトンボ ▶P.62
川の源流部にすみ、敏捷に飛ぶ。
春に出現する。

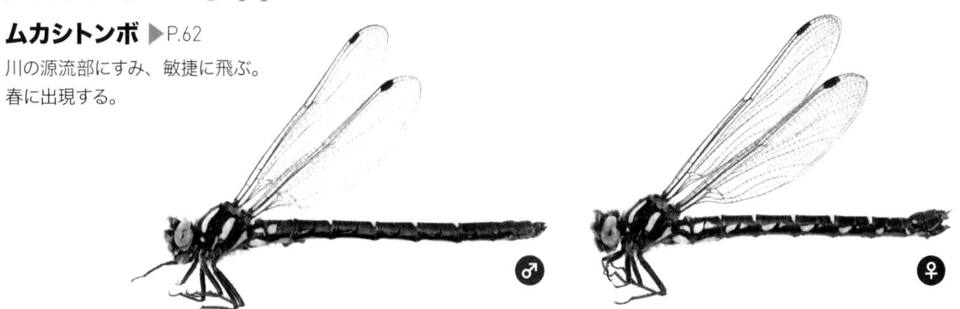

ムカシヤンマ科

ムカシヤンマ ▶P.63
体は太くがっしり。
水の浸み出す崖や苔むした湿地にすむ。
初夏のころ活動する。

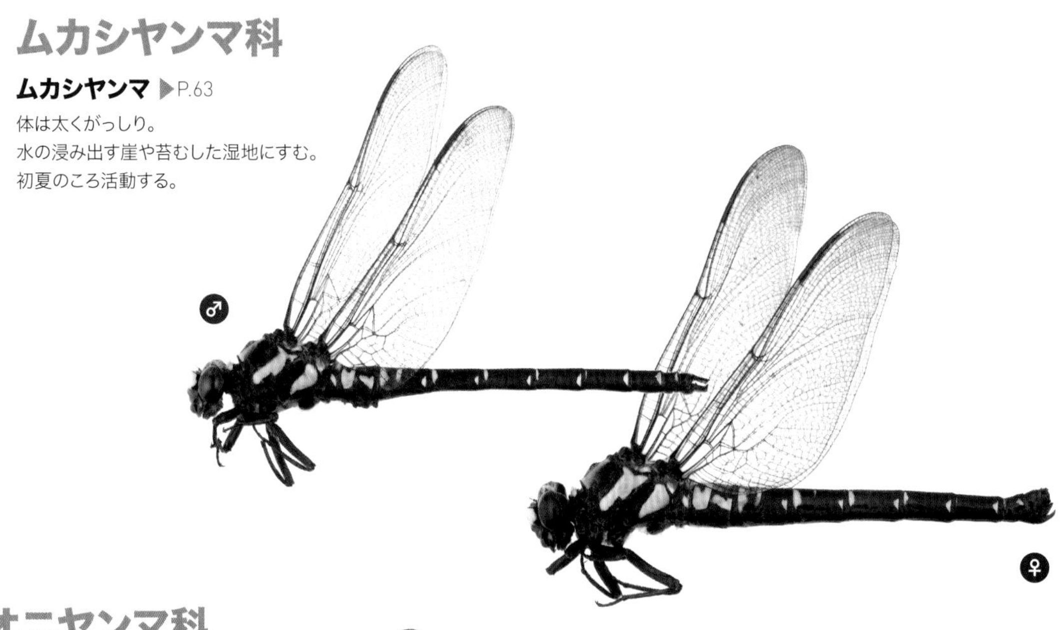

オニヤンマ科

オニヤンマ ▶P.64
日本最大のトンボで体長は9~11cmほど。
木陰の多い川の上流域、
小川や湿地にすむ。初夏～秋。

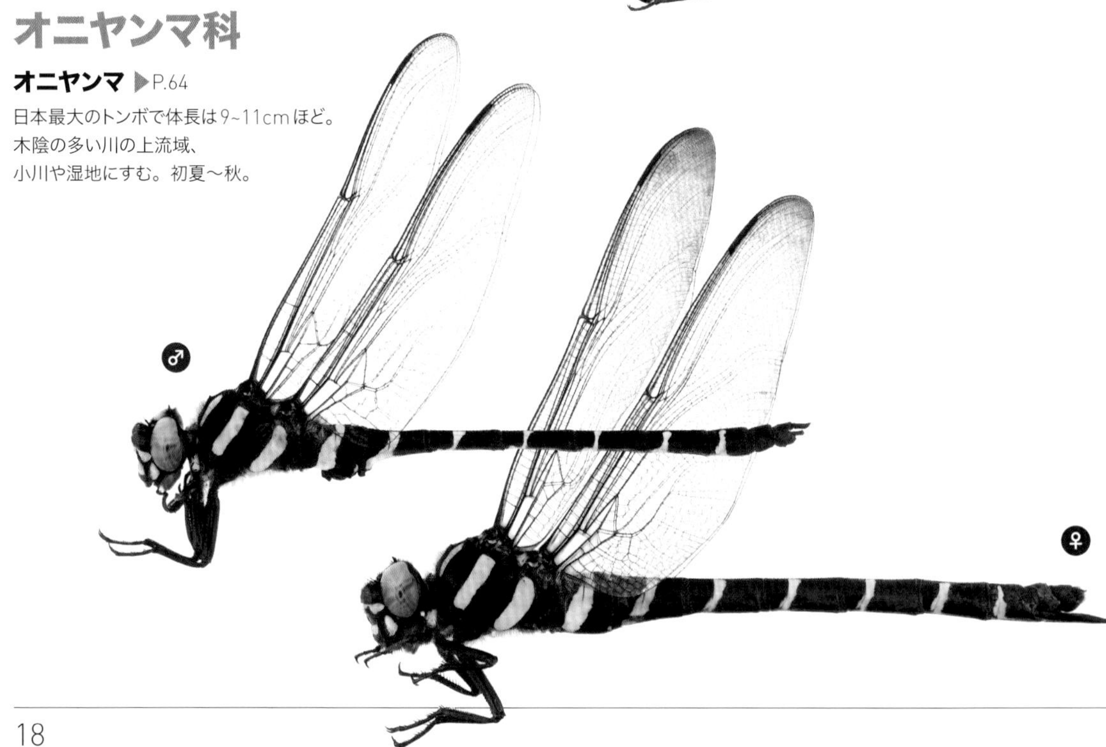

ミナミヤンマ科

カラスヤンマ ▶P.65
四国、九州から沖縄島までの
南西諸島の源流〜上流域にすむ。
メスの翅の模様は地域によって
変異がある。初夏〜夏。

ヤンマ科

ギンヤンマ ▶P.66
明るく開放的な池を好む。
胸部は緑色で斑紋やスジがない。
春〜秋。

クロスジギンヤンマ ▶P.66
木陰の多い池を好む。春〜夏。

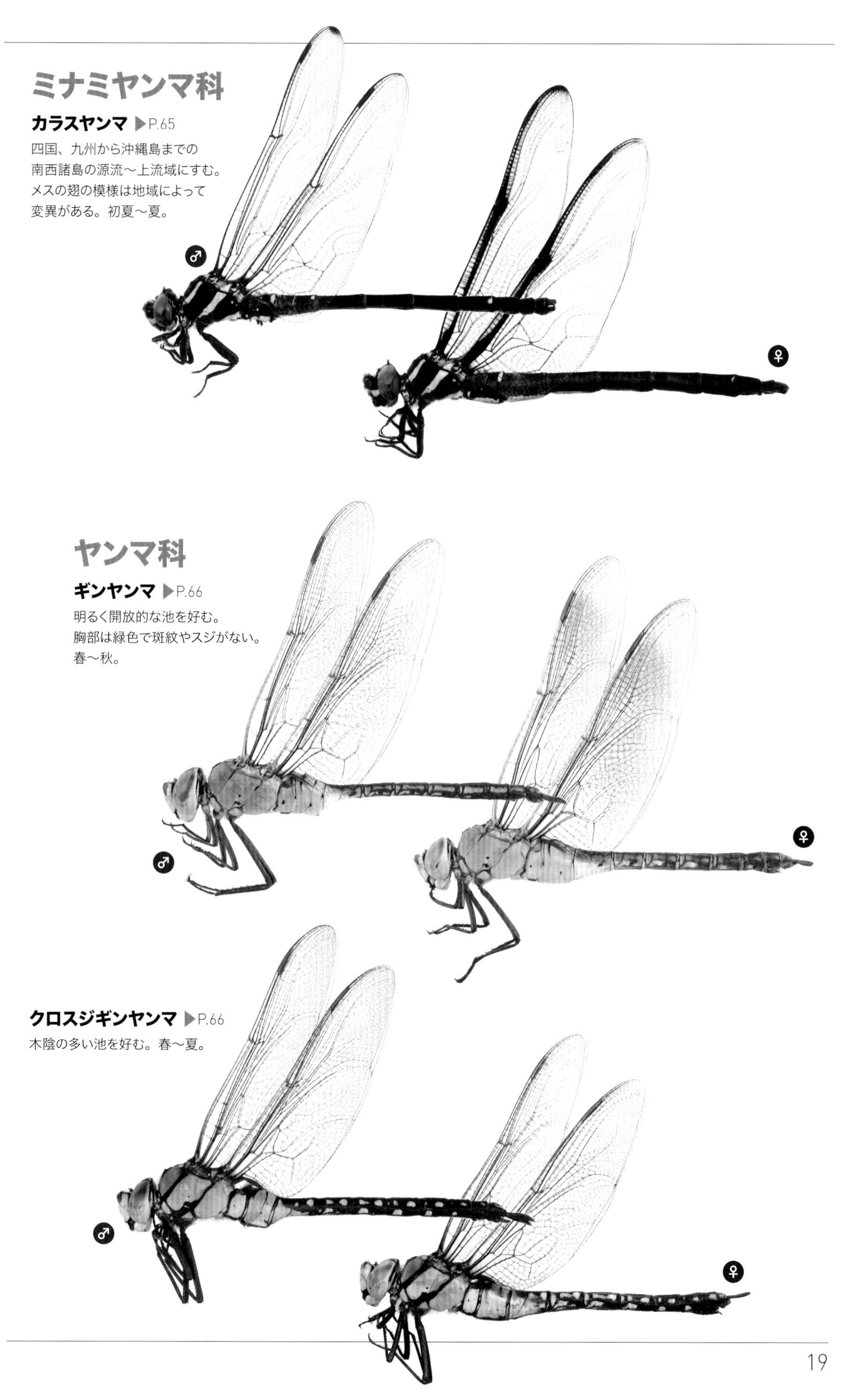

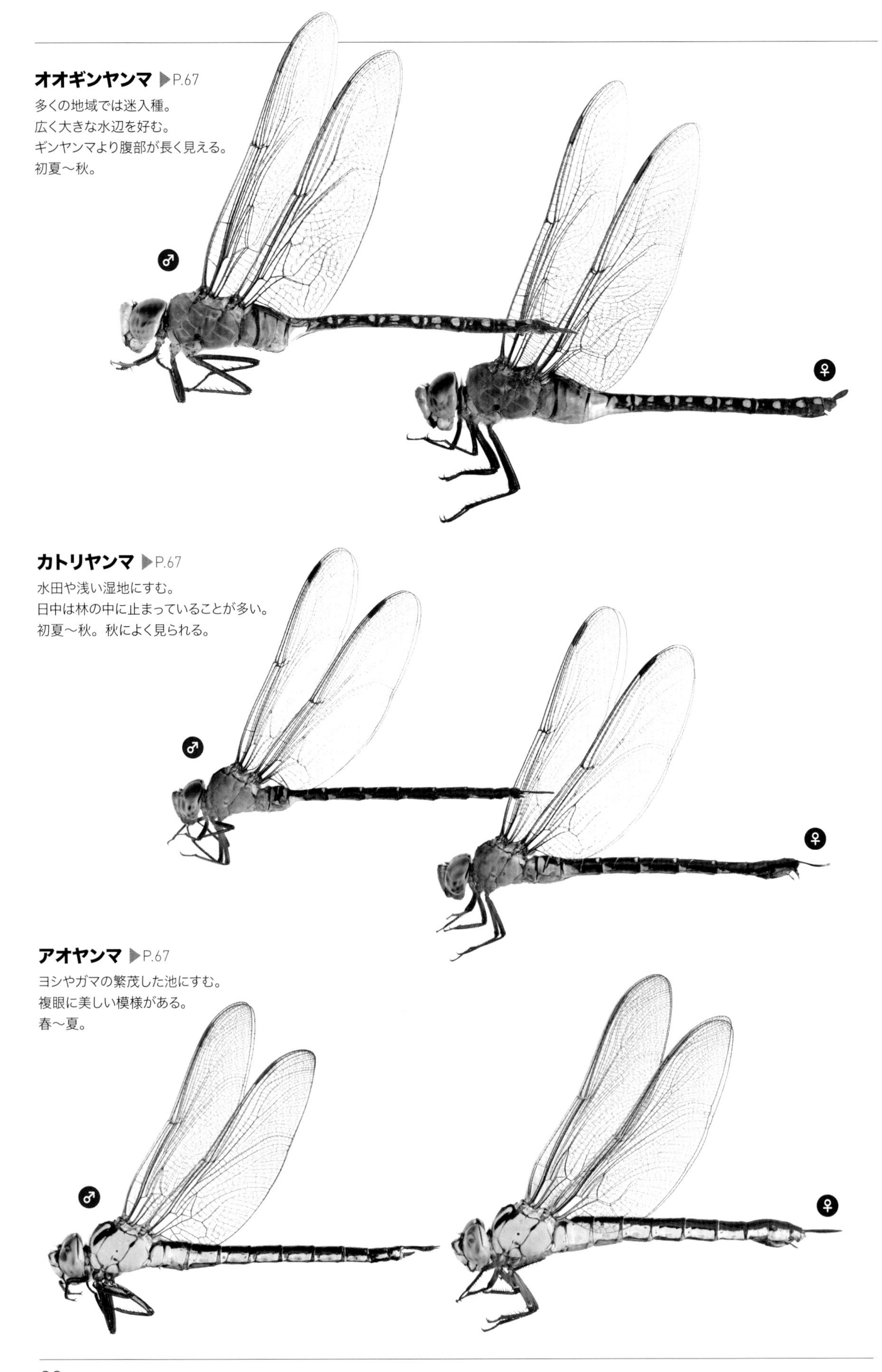

オオギンヤンマ ▶P.67

多くの地域では迷入種。
広く大きな水辺を好む。
ギンヤンマより腹部が長く見える。
初夏〜秋。

カトリヤンマ ▶P.67

水田や浅い湿地にすむ。
日中は林の中に止まっていることが多い。
初夏〜秋。秋によく見られる。

アオヤンマ ▶P.67

ヨシやガマの繁茂した池にすむ。
複眼に美しい模様がある。
春〜夏。

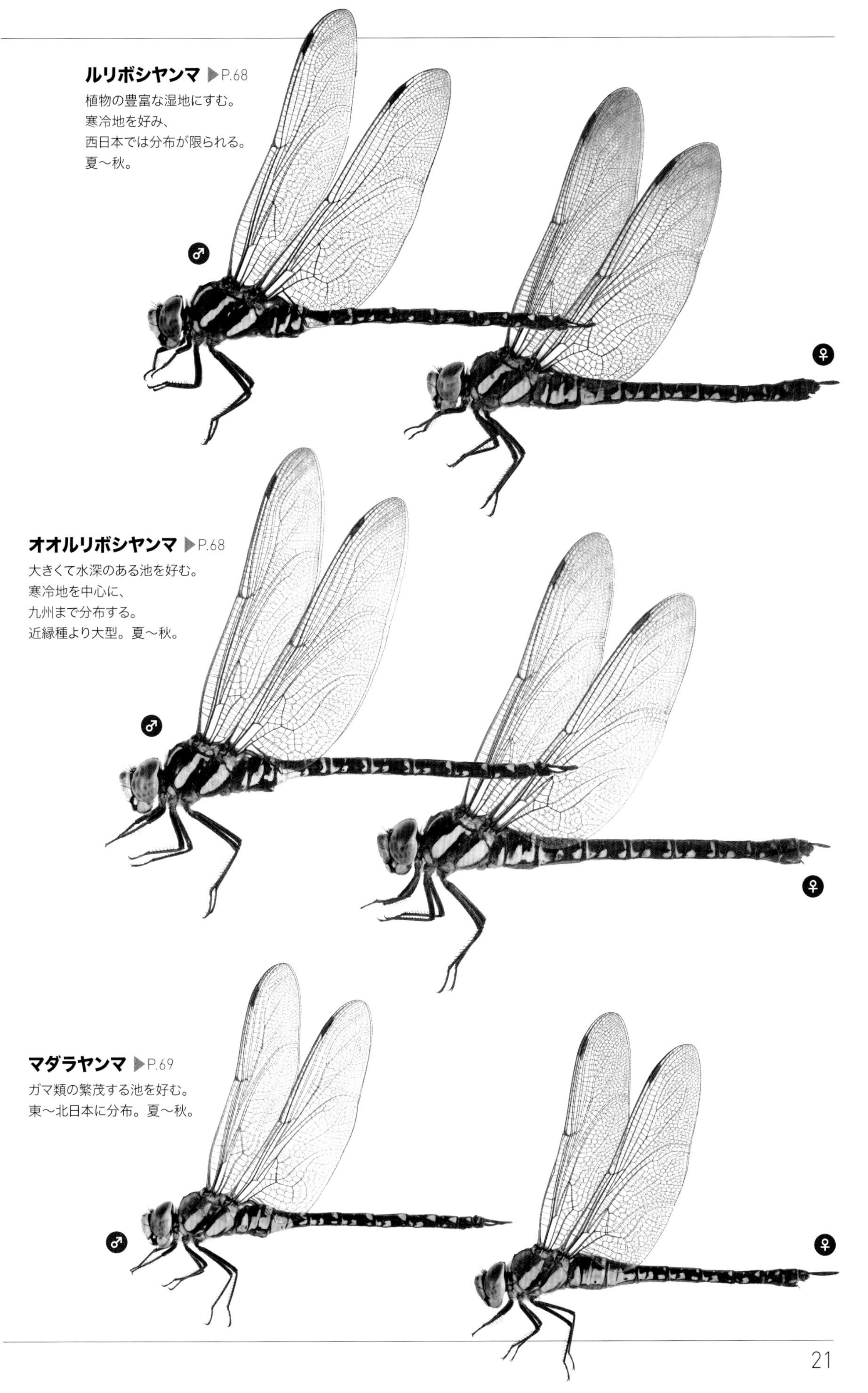

ルリボシヤンマ ▶P.68
植物の豊富な湿地にすむ。
寒冷地を好み、
西日本では分布が限られる。
夏〜秋。

オオルリボシヤンマ ▶P.68
大きくて水深のある池を好む。
寒冷地を中心に、
九州まで分布する。
近縁種より大型。夏〜秋。

マダラヤンマ ▶P.69
ガマ類の繁茂する池を好む。
東〜北日本に分布。夏〜秋。

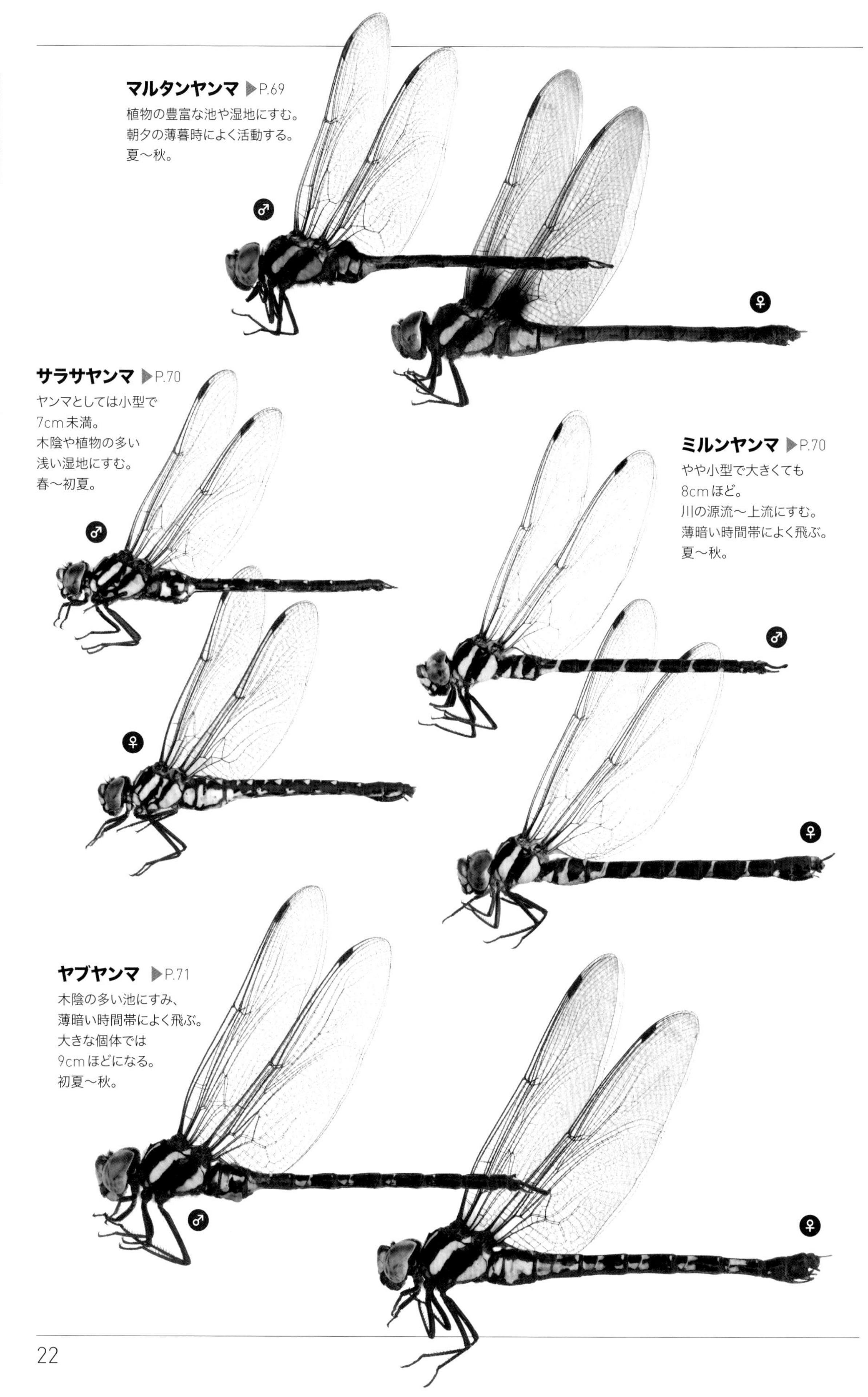

マルタンヤンマ ▶P.69
植物の豊富な池や湿地にすむ。
朝夕の薄暮時によく活動する。
夏～秋。

サラサヤンマ ▶P.70
ヤンマとしては小型で
7cm未満。
木陰や植物の多い
浅い湿地にすむ。
春～初夏。

ミルンヤンマ ▶P.70
やや小型で大きくても
8cmほど。
川の源流～上流にすむ。
薄暗い時間帯によく飛ぶ。
夏～秋。

ヤブヤンマ ▶P.71
木陰の多い池にすみ、
薄暗い時間帯によく飛ぶ。
大きな個体では
9cmほどになる。
初夏～秋。

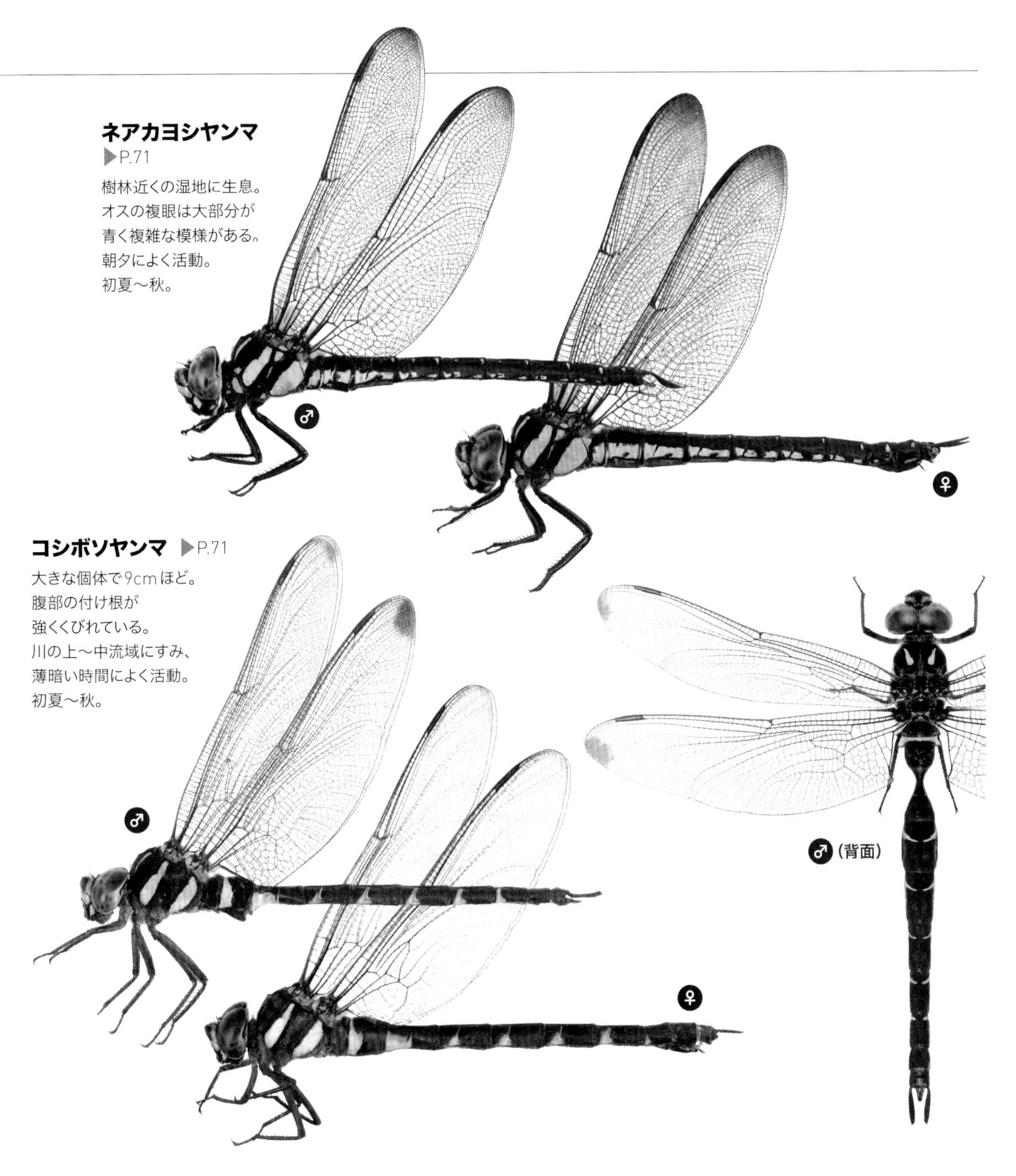

ネアカヨシヤンマ
▶P.71
樹林近くの湿地に生息。
オスの複眼は大部分が
青く複雑な模様がある。
朝夕によく活動。
初夏〜秋。

コシボソヤンマ ▶P.71
大きな個体で9cmほど。
腹部の付け根が
強くくびれている。
川の上〜中流域にすみ、
薄暗い時間によく活動。
初夏〜秋。

サナエトンボ科

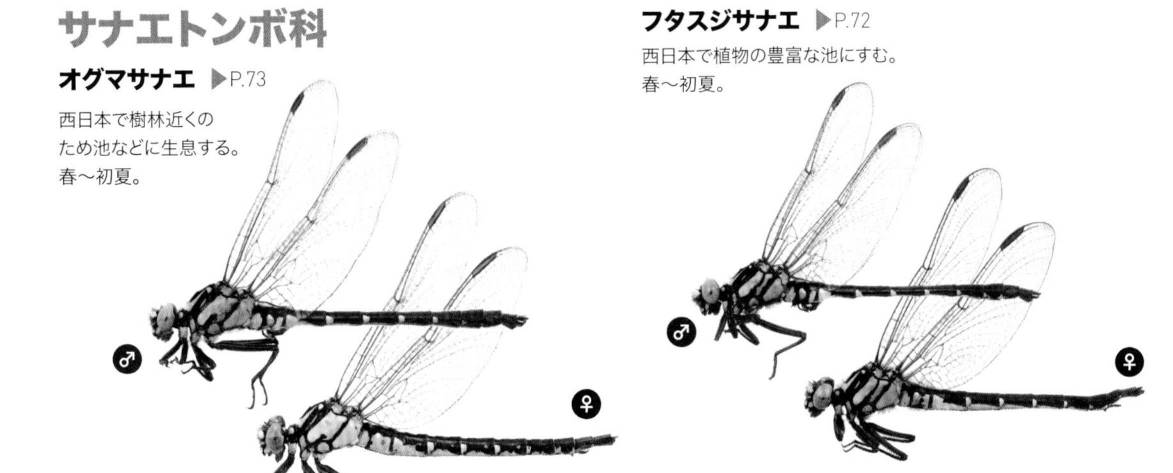

オグマサナエ ▶P.73
西日本で樹林近くの
ため池などに生息する。
春〜初夏。

フタスジサナエ ▶P.72
西日本で植物の豊富な池にすむ。
春〜初夏。

コサナエ ▶P.72

東日本・北日本を中心に分布し、
西日本では少ない。植物の多い湿地や池にすむ。
春〜初夏。

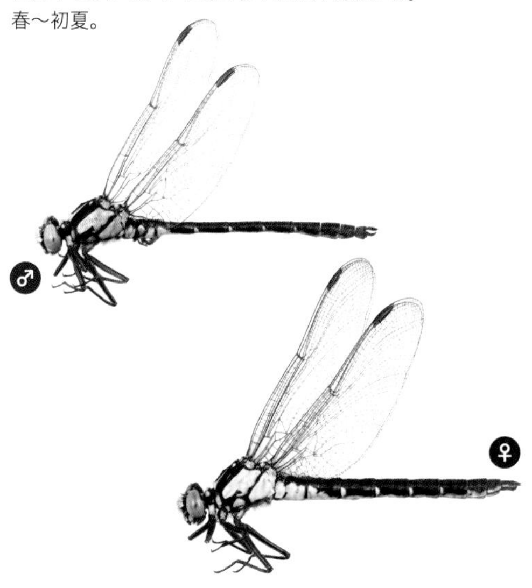

タベサナエ ▶P.73

西日本で植物の豊富な湿地や池、流れの緩やかな小川にすむ。
春〜初夏。

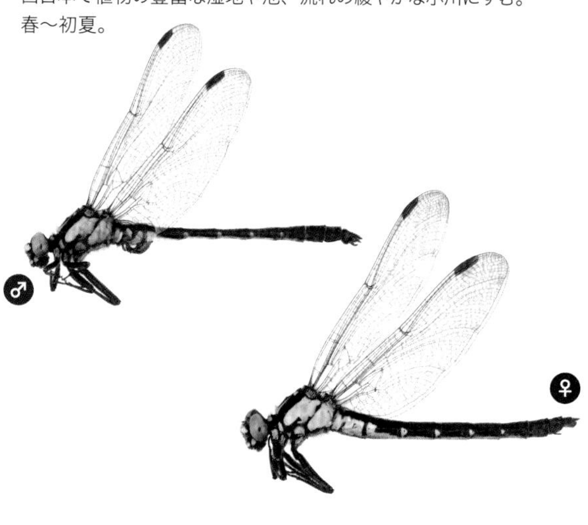

ダビドサナエ ▶P.74

川の上流〜中流域にすみ、明るい環境を好む。
春〜初夏。

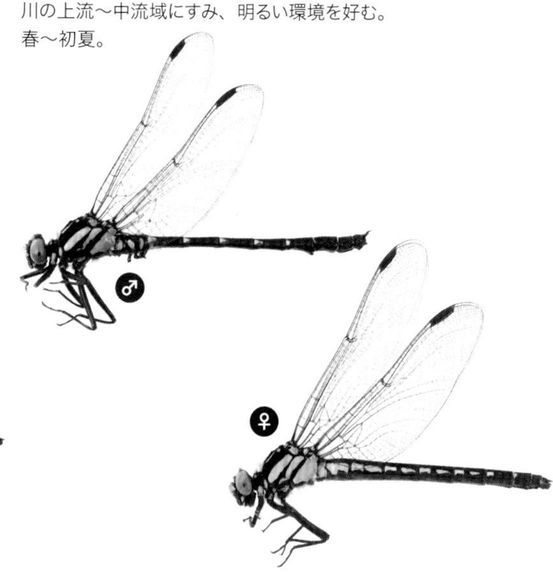

クロサナエ ▶P.74

川の源流〜上流域にすみ、木陰の多い環境を好む。春〜初夏。

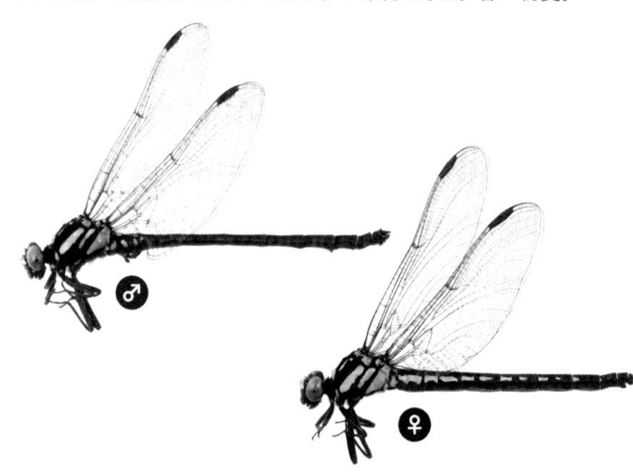

モイワサナエ ▶P.74

川の源流〜上流域、湿地を流れる小川に生息。
春〜初夏。

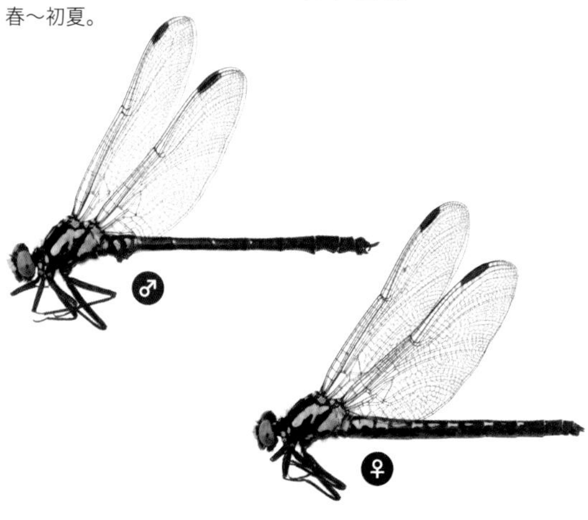

ヒメクロサナエ ▶P.75

ダビドサナエ属に似るが、オスの尾部付属器や胸部側面の模様で
見分けられる。川の源流域にすむ。春〜初夏。

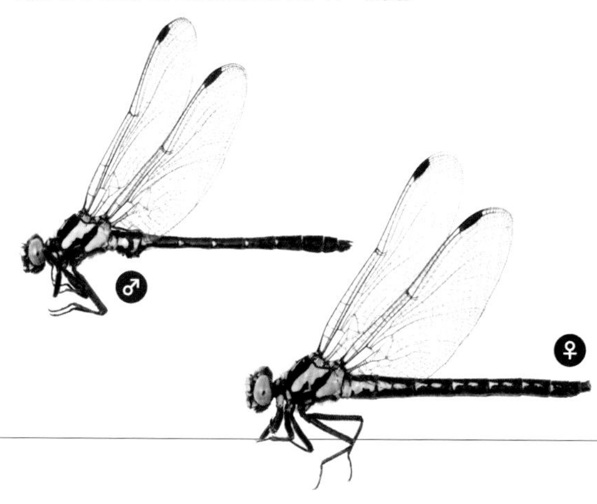

ヒメサナエ ▶P.75

▶P.75

川の上流域に生息。
幼虫が流下するので羽化はおもに川の中流域でも見られる。
初夏〜夏。

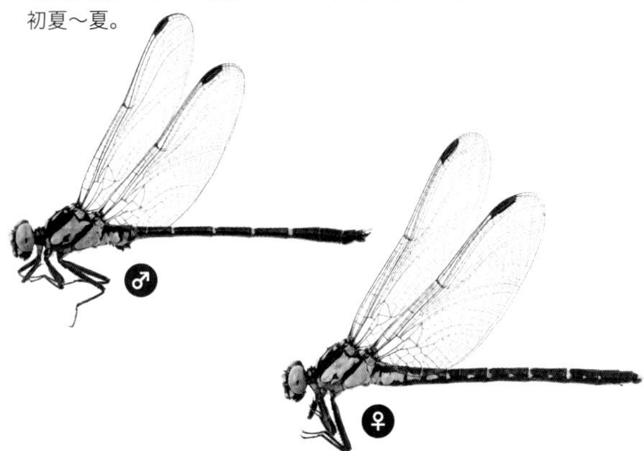

オジロサナエ

▶P.75

川の上流域に生息。幼虫が流下するので羽化は中流域まで見られる。
初夏〜夏。

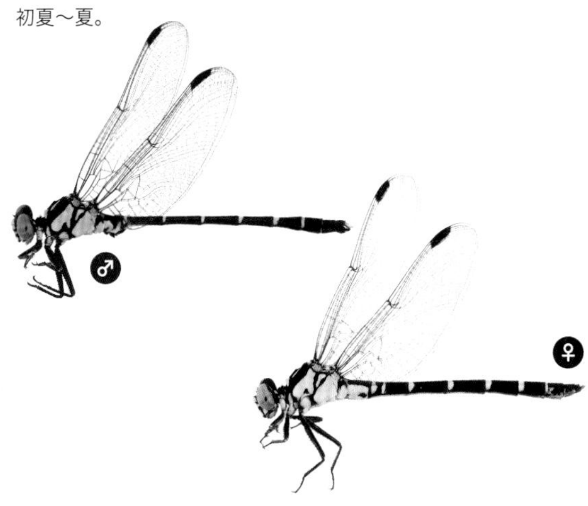

ホンサナエ

▶P.76

がっしりとした体型のサナエトンボ。川の中流域に生息し、
岸辺の石や地面に止まっていることが多い。春〜初夏。

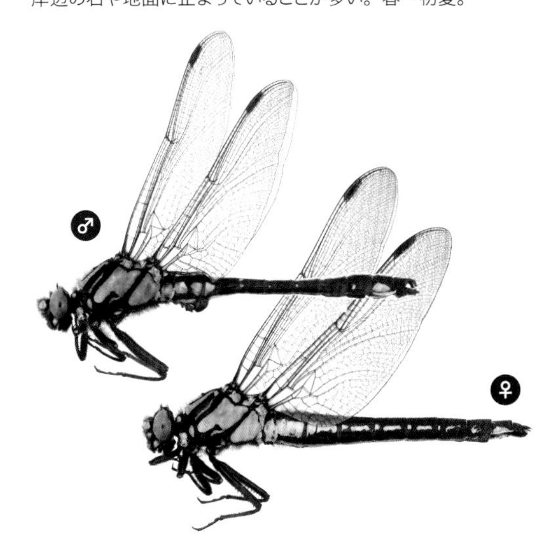

ミヤマサナエ

▶P.76

川の中流域に生息。移動性があり、若い成虫は高原や山地の
稜線で見られることも多い。初夏〜秋

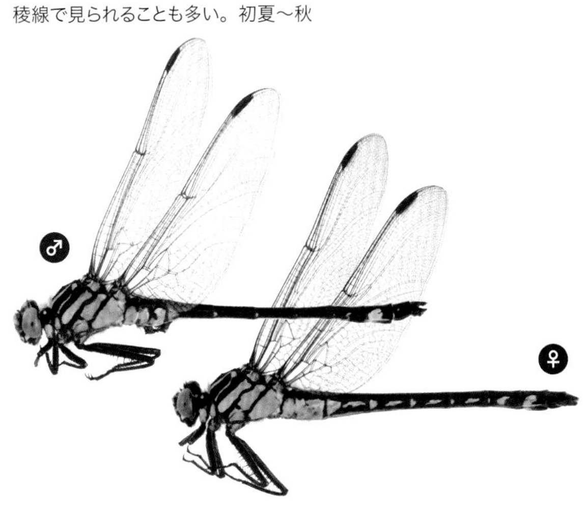

メガネサナエ

▶P.77

琵琶湖、諏訪湖とその周辺の河川、愛知県の一部に分布。
夏〜秋。

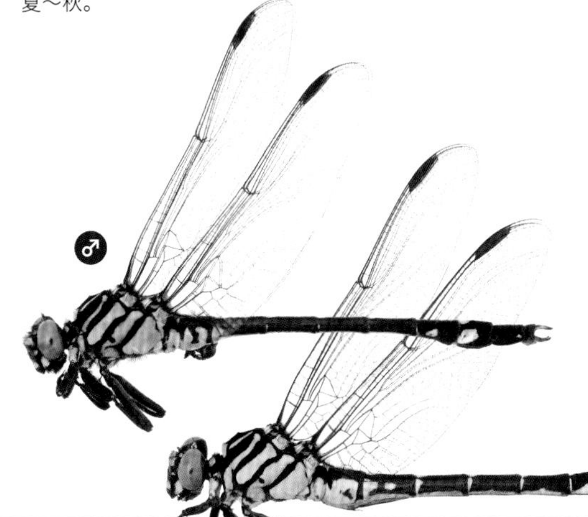

ナゴヤサナエ

▶P.77

川の中流〜下流に生息。オオサカサナエによく似る。
夏〜秋。

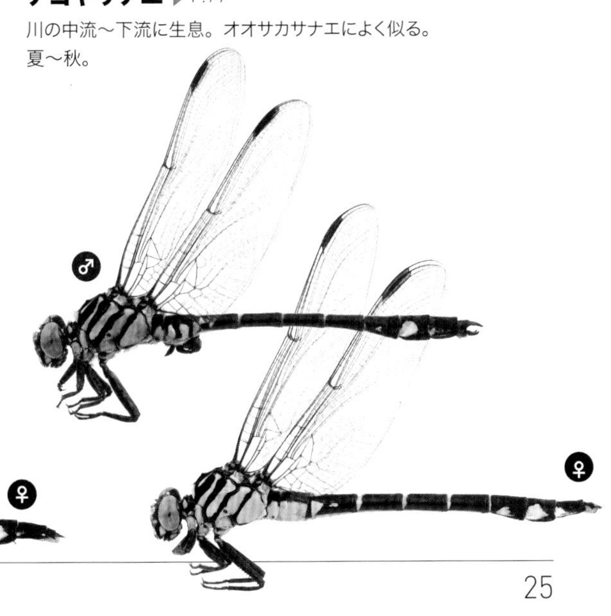

オオサカサナエ ▶P.77

琵琶湖と東海地方の一部河川に分布。夏〜秋。

ヤマサナエ ▶P.78

川の中流域や小川、水路にすむ。流水性のサナエトンボでは最も普通に見られる種のひとつ。
春〜初夏。

キイロサナエ ▶P.78

砂泥底の小川や水路、
川の中流域にすむが少ない。
ヤマサナエによく似るが
尾部付属器や斑紋で見分ける。
初夏。

アオサナエ ▶P.79

サナエトンボ科では唯一緑色の種。
川の上〜中流域に生息。
春〜初夏。

オナガサナエ ▶P.79

川の上〜中流域にすみ、
流れの速い瀬の近くで石の上に
止まっていることが多い。
初夏〜秋

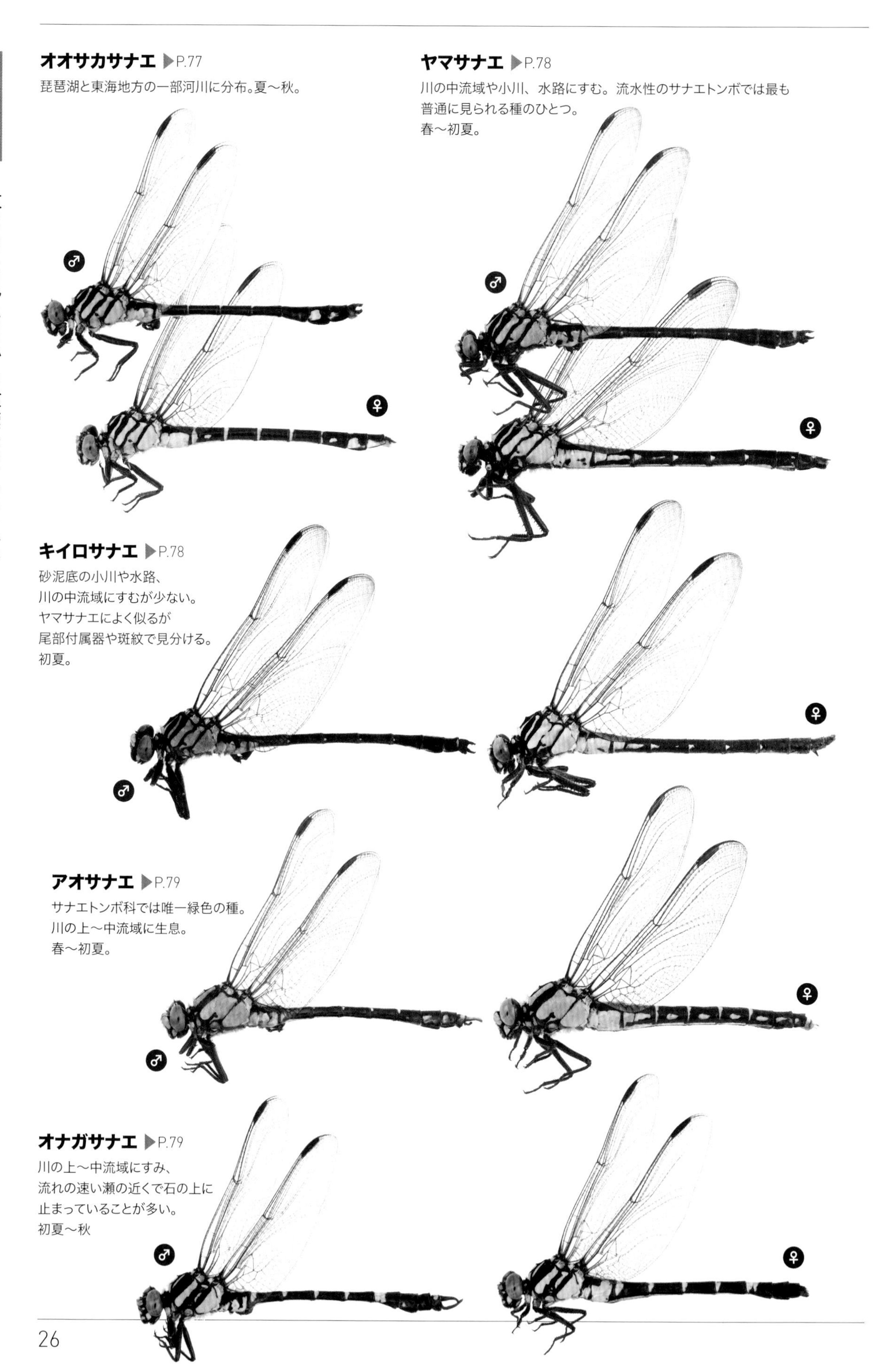

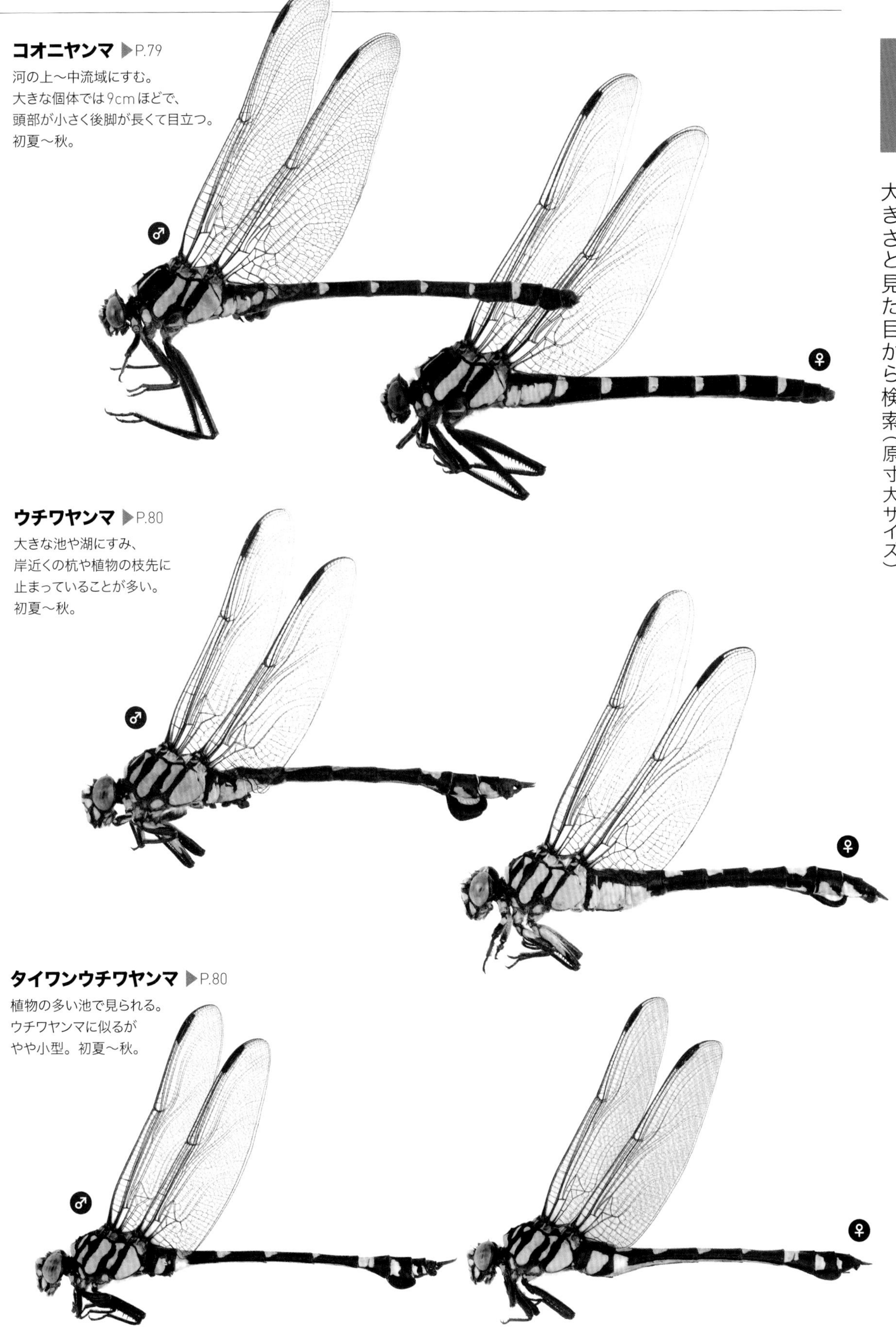

コオニヤンマ ▶P.79
河の上〜中流域にすむ。
大きな個体では9cmほどで、
頭部が小さく後脚が長くて目立つ。
初夏〜秋。

ウチワヤンマ ▶P.80
大きな池や湖にすみ、
岸近くの杭や植物の枝先に
止まっていることが多い。
初夏〜秋。

タイワンウチワヤンマ ▶P.80
植物の多い池で見られる。
ウチワヤンマに似るが
やや小型。初夏〜秋。

エゾトンボ科

ハネビロエゾトンボ ▶P.82

木陰の多い小川や
湿地を流れる
細流に生息する。
夏～秋。

エゾトンボ ▶P.82

植物の繁茂した浅い湿地にすむ。
初夏～秋。

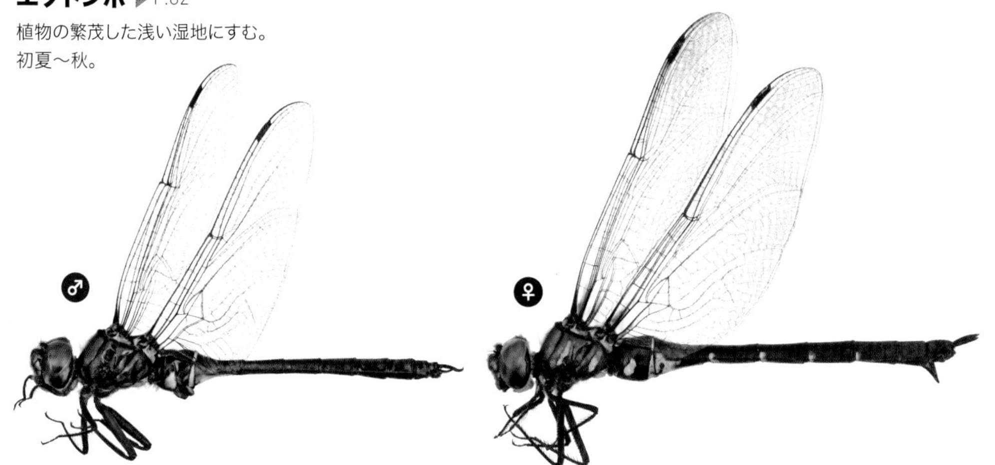

ホソミモリトンボ ▶P.83

山地や寒冷地の植物が繁茂した浅い湿地にすむ。
初夏～夏。

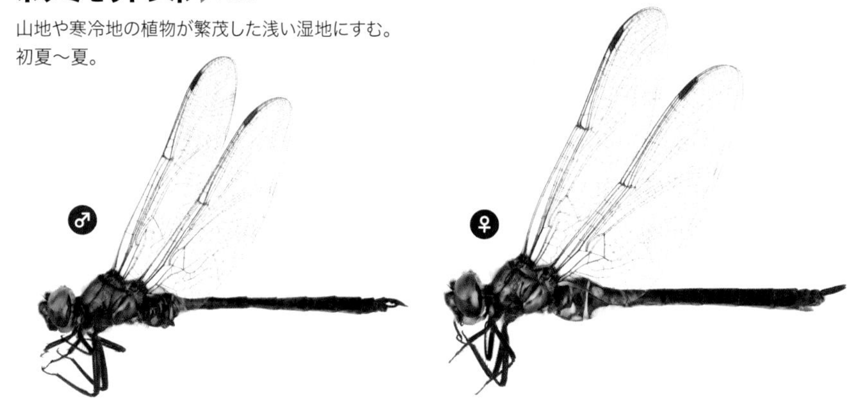

タカネトンボ ▶P.83

木陰の多い池や水たまりにすむ。
初夏〜秋。

カラカネトンボ ▶P.83

山地や寒冷地の水生植物が豊富な池にすむ。春〜初夏。

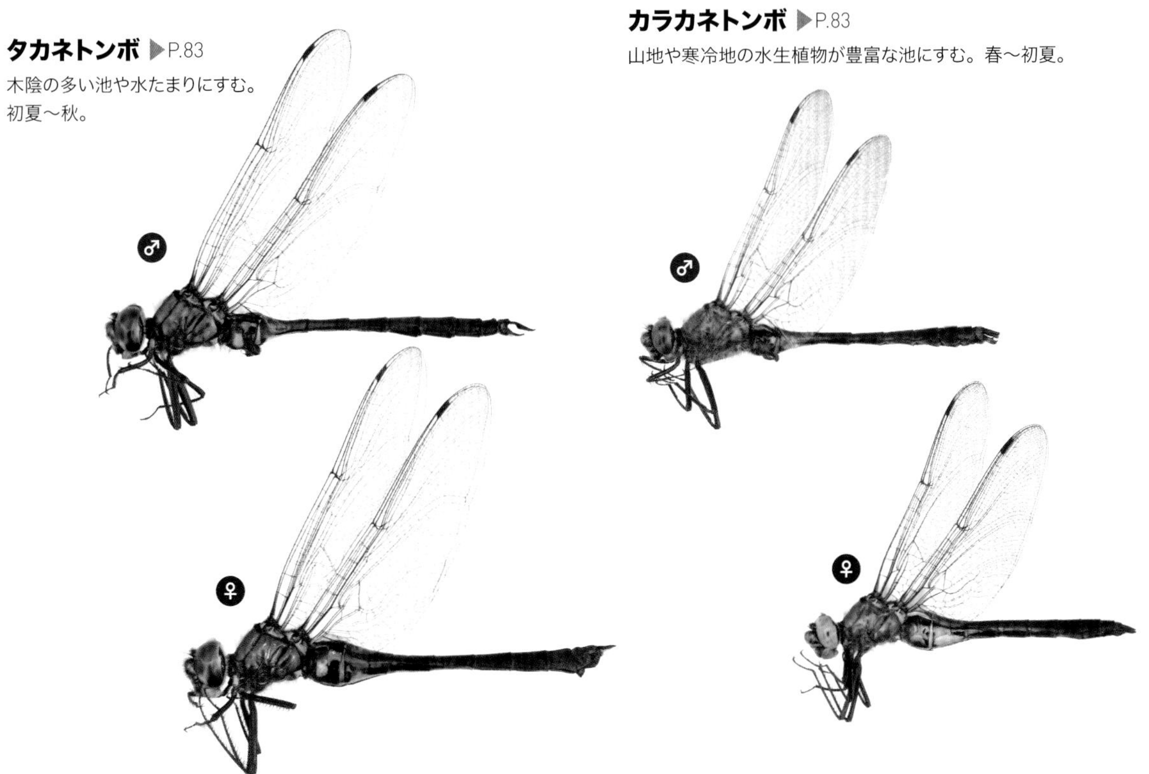

トラフトンボ ▶P.84

水生植物が豊富な池に生息する。
黒地に橙褐色の斑紋がある。
春〜初夏。

オオトラフトンボ ▶P.84

山地や寒冷地の水生植物が豊富な池に生息。
トラフトンボに似るがやや大型。
初夏〜夏。

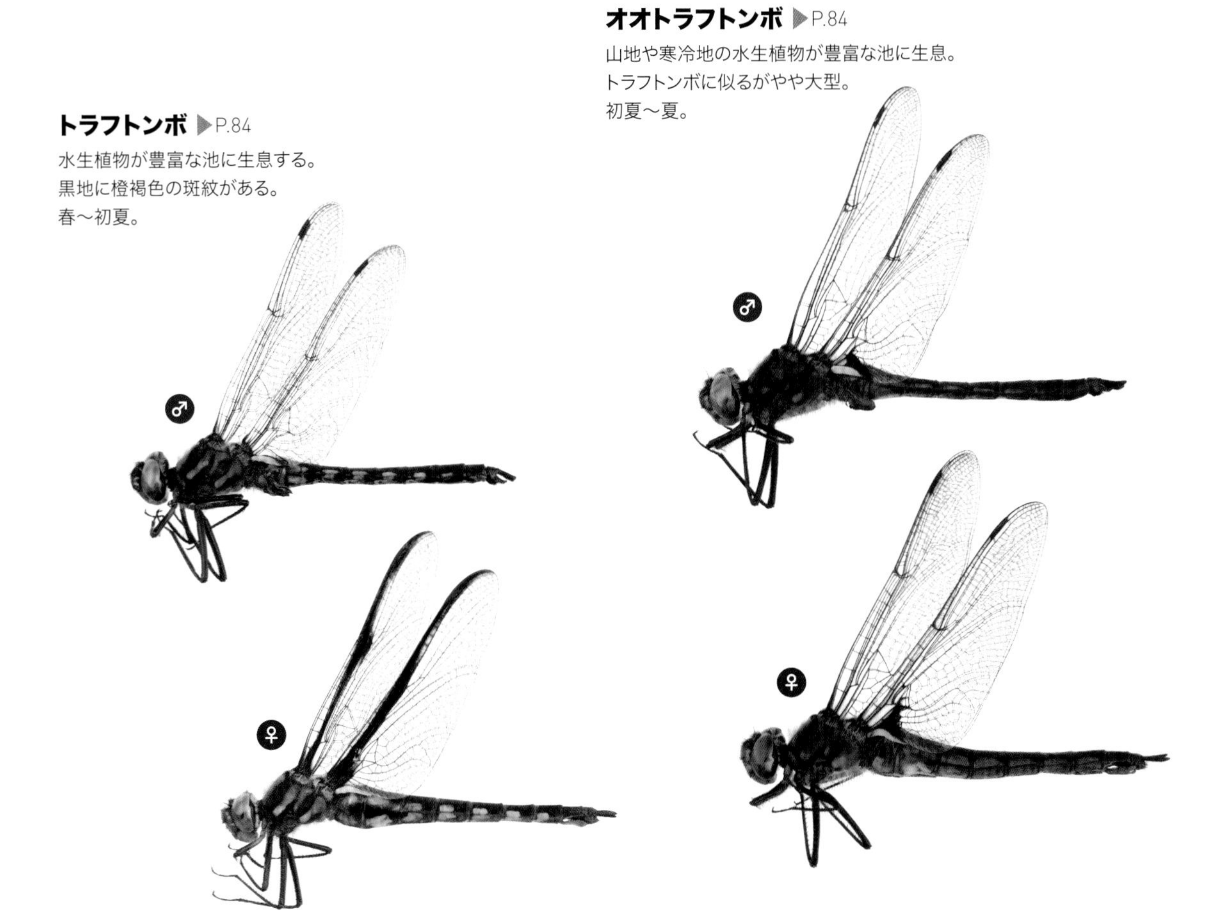

ヤマトンボ科

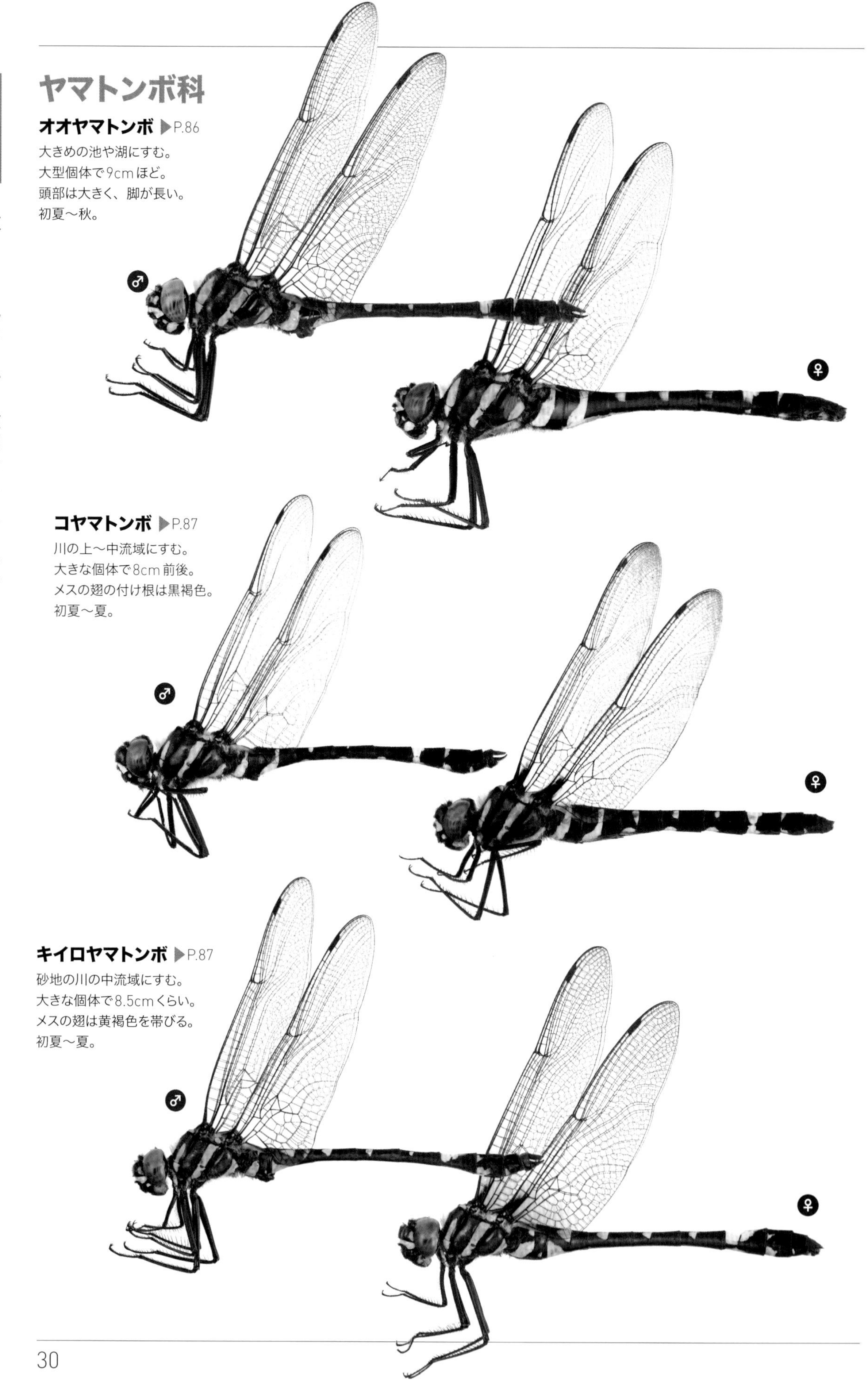

オオヤマトンボ ▶P.86

大きめの池や湖にすむ。
大型個体で9cmほど。
頭部は大きく、脚が長い。
初夏〜秋。

コヤマトンボ ▶P.87

川の上〜中流域にすむ。
大きな個体で8cm前後。
メスの翅の付け根は黒褐色。
初夏〜夏。

キイロヤマトンボ ▶P.87

砂地の川の中流域にすむ。
大きな個体で8.5cmくらい。
メスの翅は黄褐色を帯びる。
初夏〜夏。

トンボ科

アキアカネ
▶P.92

水田や浅い湿地、プールなどで見られる。
若い成虫は山地で夏を過ごす。初夏〜秋。

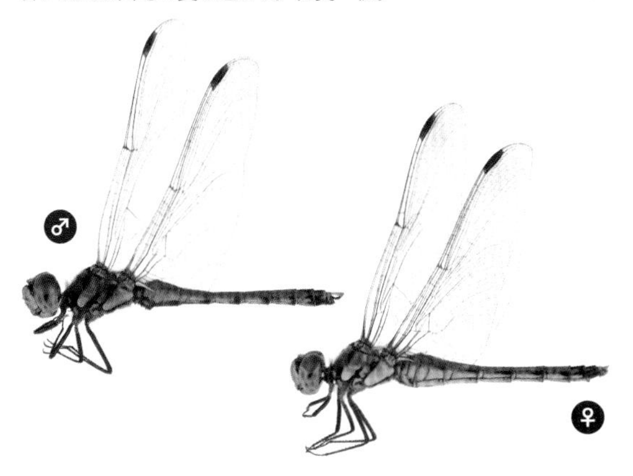

タイリクアカネ
▶P.93

平地の開放的な池や
海岸の岩礁地帯の水たまり、
プールなどにすむ。
初夏〜秋。

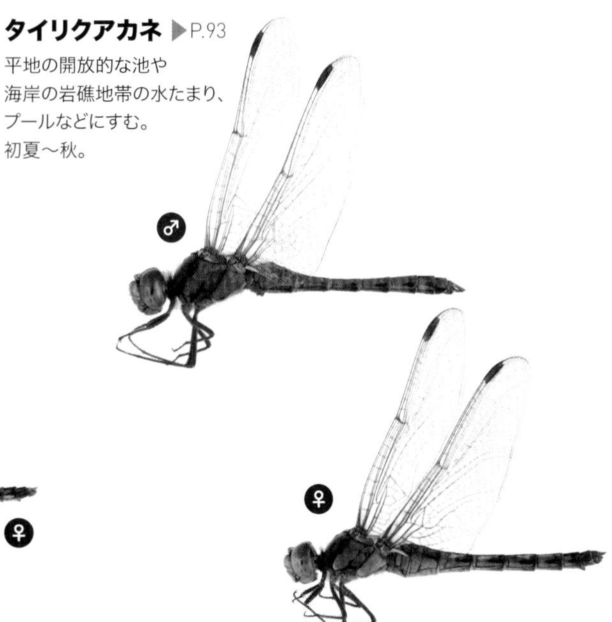

ナツアカネ
▶P.93

水田や明るく開放的な湿地で繁殖する。
若い成虫は丘陵地や低山地の林縁で見られる。
初夏〜秋。

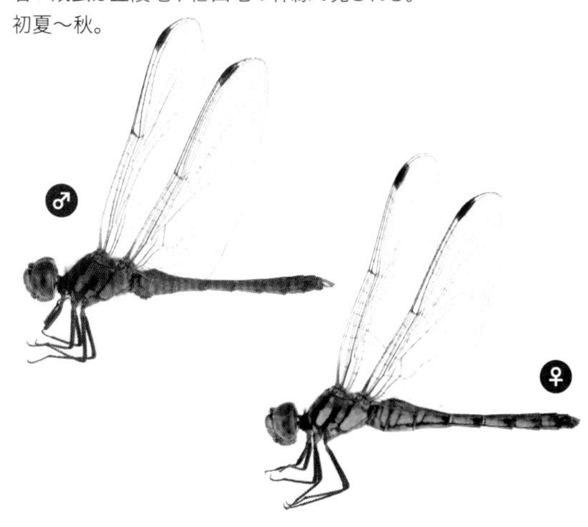

マユタテアカネ
▶P.94

顔面に一対の黒い斑紋（眉斑）がある。
木陰の多い池や湿地にすむ。
初夏〜秋。

ヒメアカネ
▶P.95

マユタテアカネに似るがオスの顔面は白く、眉斑はないか小さい。
植物の繁茂した浅い湿地にすむ。夏〜秋。

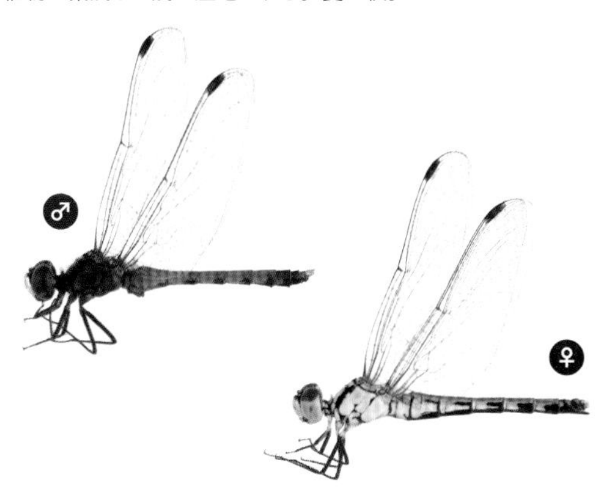

マイコアカネ
▶P.95

オスの顔面は青白く、眉斑はないか小さい。
抽水植物の繁茂する池にすむ。初夏〜秋。

ノシメトンボ ▶P.96

翅の先に黒褐色の斑紋がある大型のアカトンボ類。
水田や明るく開けた湿地にすむ。初夏〜秋。

コノシメトンボ ▶P.96

翅の先に黒褐色の斑紋がある。水田や明るく開放的な池にすむ。
初夏〜秋。

リスアカネ ▶P.97

コノシメトンボに似るが胸部の斑紋が異なる。
樹林近くの、木陰の多い池や湿地にすむ。初夏〜秋。

ミヤマアカネ ▶P.97

翅に特徴的な帯模様をもつアカトンボ。
山裾の水田や流れの緩やかな小川にすむ。
初夏〜秋。

ネキトンボ ▶P.99

翅の付け根に橙色の斑紋がある。樹林が近くにある池に生息する。
初夏〜秋。

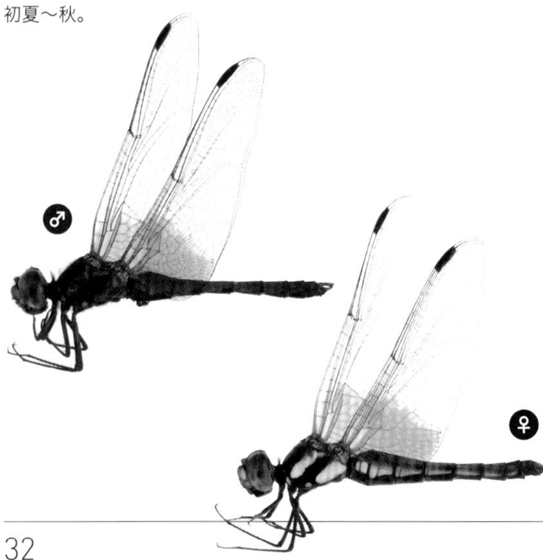

キトンボ ▶P.99

翅の前縁沿いと基部よりの大半が橙色。
樹林に囲まれた比較的透明度の高い池にすむ。夏〜冬。

オオキトンボ ▶P.98

翅全体が薄い橙色で、全身ほぼ斑紋がなく橙褐色。
遠浅で透明度が高めの大きな池にすむ。絶滅危惧種に指定。
初夏～秋。

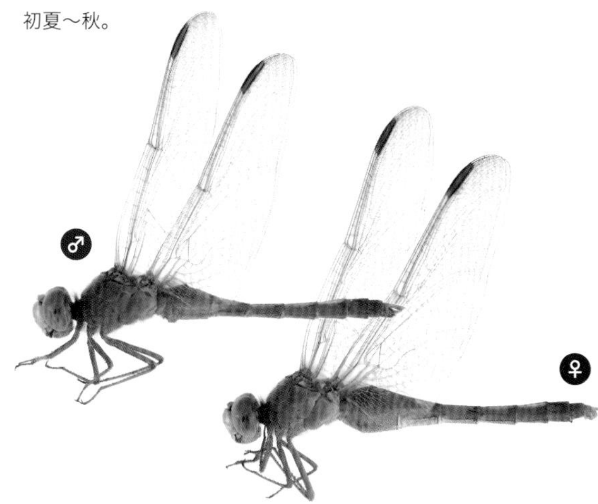

マダラナニワトンボ ▶P.101

樹林に近い浅くて植物の豊富な池や湿地にすむ。
絶滅危惧種に指定。初夏～秋。

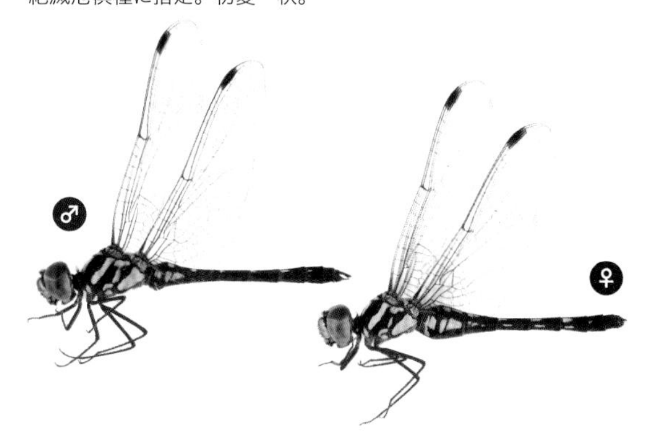

スナアカネ ▶P.102

海岸近くの植物がまばらに生えた池などで見られる。日本での記録は迷入か一時的に発生したものと考えられる。夏～秋。

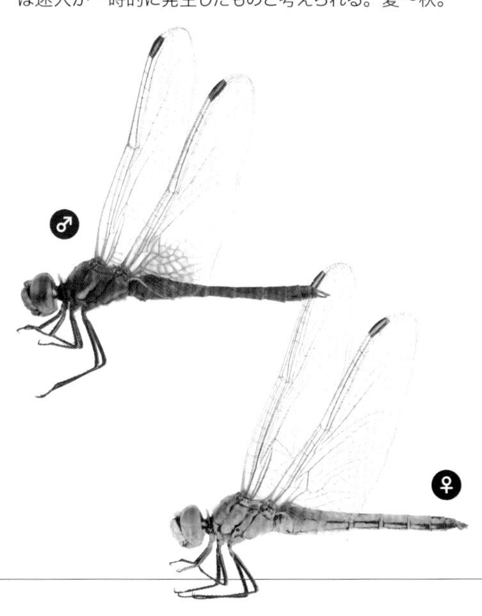

ムツアカネ ▶P.101

オスは成熟すると全身が黒くなり、斑紋が消失気味に。
山地や寒冷地の湿地や池にすむ。夏～秋。

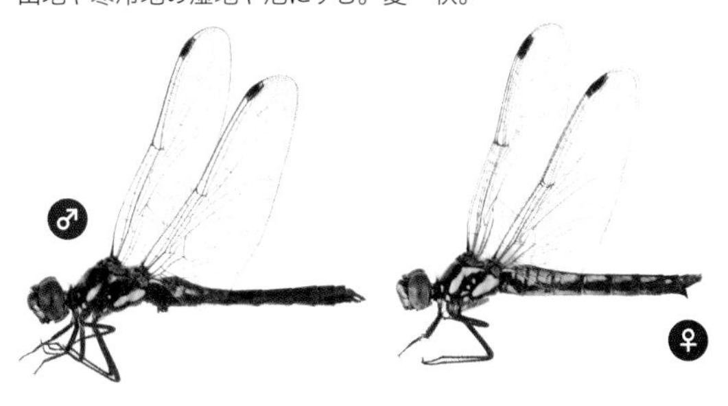

ナニワトンボ ▶P.100

瀬戸内海周辺だけに分布。
樹林に囲まれ、岸辺に丈の低い草むらがあるような池にすむ。
初夏～秋。

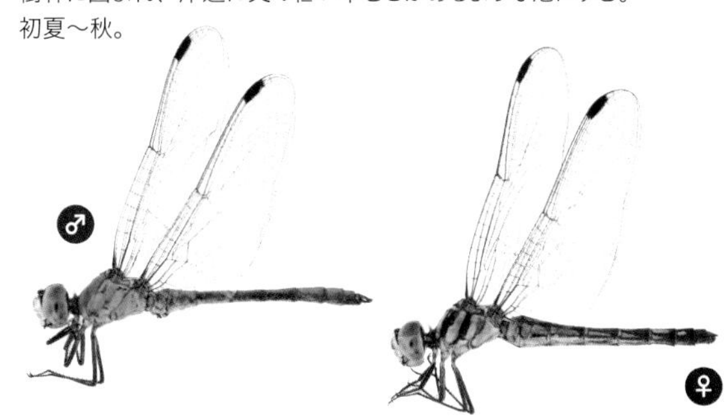

タイリクアキアカネ ▶P.103

おもに海岸近くの水田や湿地で見られるが、日本での記録は
迷入か一時的に発生したものと考えられ、特に近年は少ない。秋。

オナガアカネ ▶P.103

日本では迷入か一時的に
発生したものと考えられ、
年により個体数の変動が大きい。
海岸近くの水田や
湿地で見られる。秋。

ハッチョウトンボ ▶P.105

体長2cm前後と非常に小さい。
植物が繁茂したごく浅い湿地にすむ。初夏～夏。

ショウジョウトンボ ▶P.104

オスはほぼ全身が赤く、メスは橙褐色。明るく開放的な池にすむ。
初夏～秋。

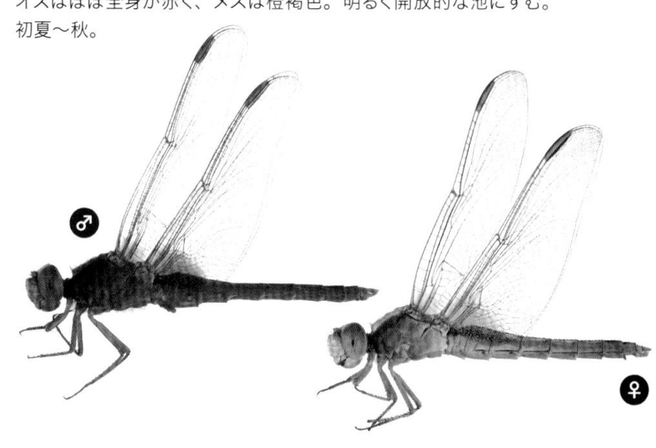

ウスバキトンボ ▶P.104

水田やプールなど人工的な水辺に見られ、
群れでいることが多い。斜めにぶら下がって止まる。
初夏～秋。

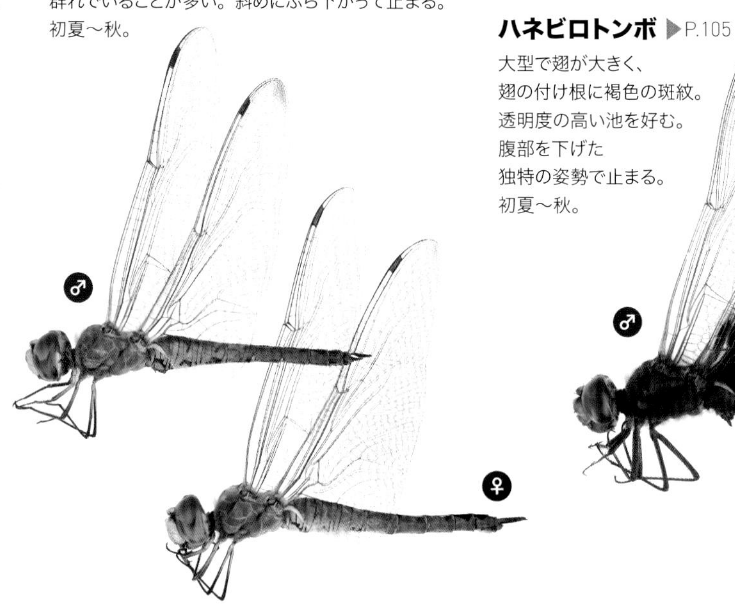

ハネビロトンボ ▶P.105

大型で翅が大きく、
翅の付け根に褐色の斑紋。
透明度の高い池を好む。
腹部を下げた
独特の姿勢で止まる。
初夏～秋。

シオカラトンボ ▶P.106

オスは腹部の半分ほどが白い粉で覆われる。
水田や日当たりの良い池、
湿地などにすむ。
春～秋。

オオシオカラトンボ ▶P.106

オスはほぼ全身を青灰色の粉で覆われる。
樹林に近い水田や池、
湿地などにすむ。
初夏～秋。

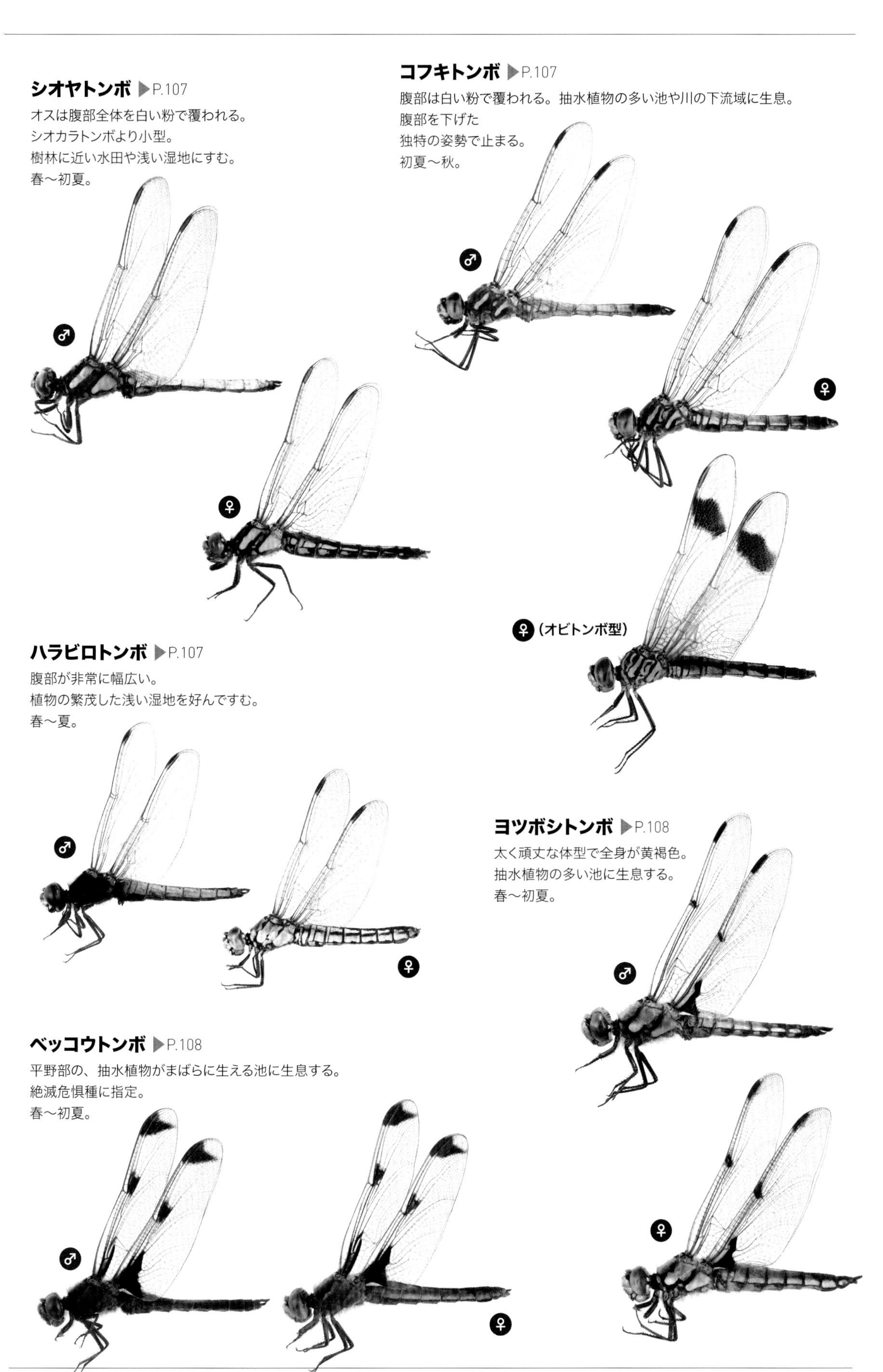

シオヤトンボ ▶P.107

オスは腹部全体を白い粉で覆われる。
シオカラトンボより小型。
樹林に近い水田や浅い湿地にすむ。
春～初夏。

コフキトンボ ▶P.107

腹部は白い粉で覆われる。抽水植物の多い池や川の下流域に生息。
腹部を下げた
独特の姿勢で止まる。
初夏～秋。

ハラビロトンボ ▶P.107

腹部が非常に幅広い。
植物の繁茂した浅い湿地を好んですむ。
春～夏。

ヨツボシトンボ ▶P.108

太く頑丈な体型で全身が黄褐色。
抽水植物の多い池に生息する。
春～初夏。

ベッコウトンボ ▶P.108

平野部の、抽水植物がまばらに生える池に生息する。
絶滅危惧種に指定。
春～初夏。

カオジロトンボ ▶P.109
顔面が白く目立つ。
山地や寒冷地の植物が繁茂する湿地や池に生息。
初夏～夏。

コシアキトンボ ▶P.109
樹林に囲まれた薄暗い池に多いが、
人工的な水辺でも見られる。初夏～秋。

チョウトンボ ▶P.109
全身が黒っぽいが、
翅の表面には青紫色や
緑色の光沢がある。
水生植物の繁茂する
池にすむ。
初夏～秋。

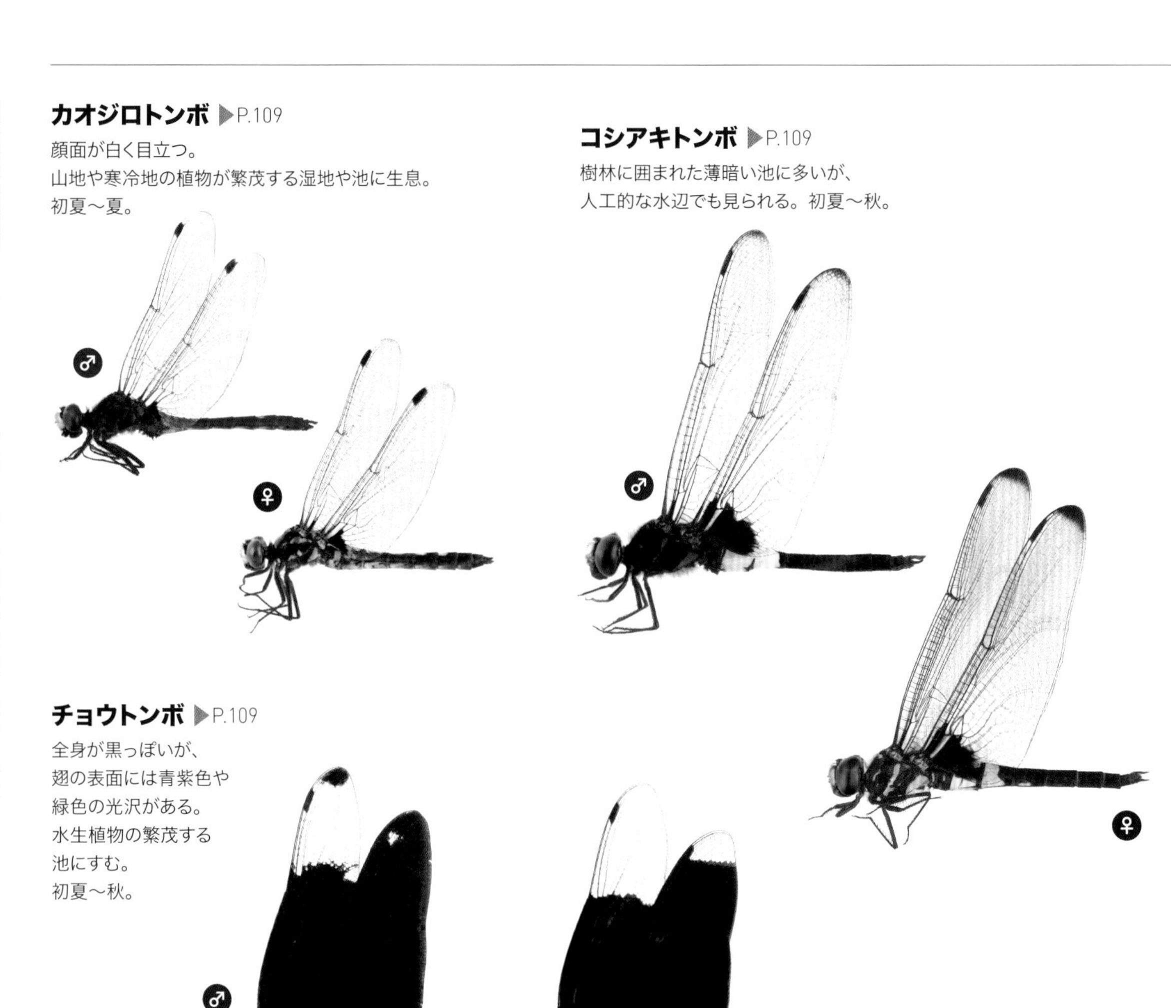

ベニトンボ ▶P.110
オスはほぼ全身が鮮やかな紅色。
以前は九州以南に分布していたが、
近年北上して近畿地方でも定着。初夏～秋。

アオビタイトンボ ▶P.110
オスメスともに前額に金属光沢がある。
以前は南西諸島に分布していたが、現在は九州や四国、
中国地方まで
北上している。
初夏～秋。

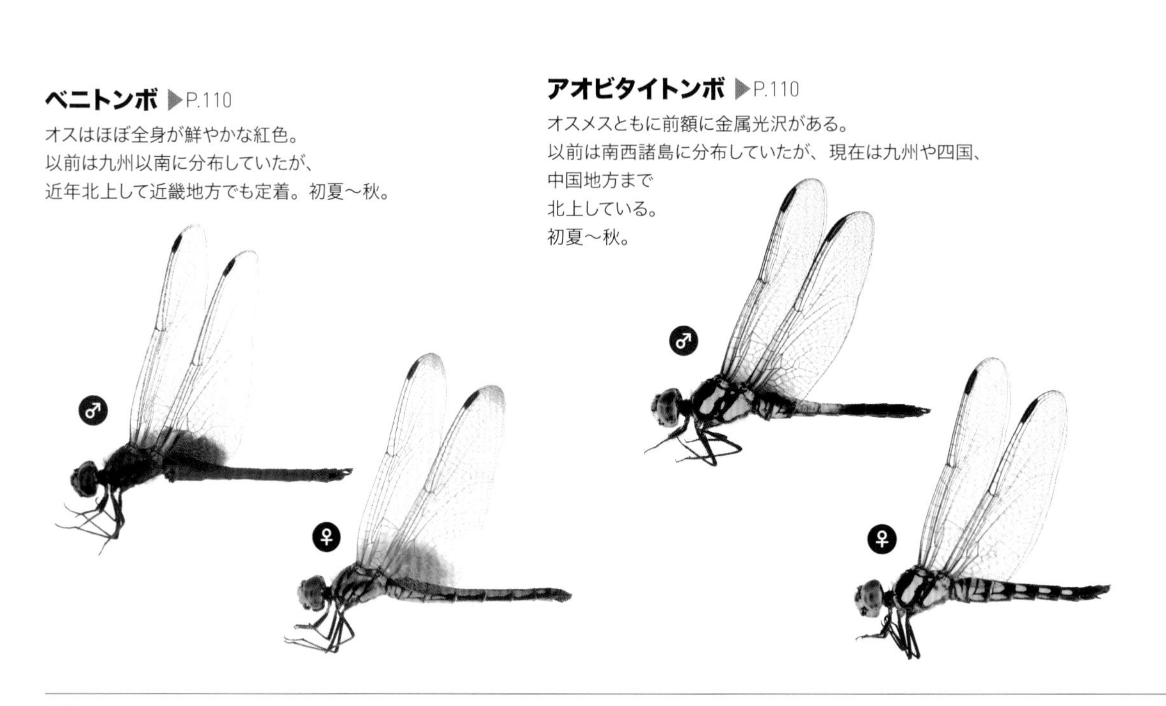

くらべてわかるトンボ図鑑

均 翅 亜 目

均翅亜目で紹介するトンボのグループ

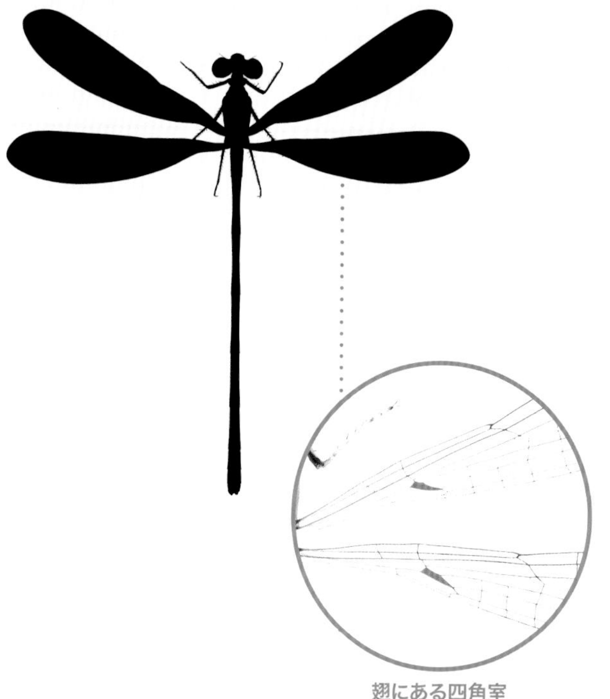

翅にある四角室

この章では均翅亜目のトンボを紹介します。すべてのトンボは「トンボ目」という大きなグループに含まれていますが、その中で前後の翅の形がほぼ同じ・翅に四角室がある・左右の複眼が離れている・腹部は細長く、くびれがなくて一様な太さ・オスの尾部付属器が上下2本ずつあるという特徴をもつグループを「均翅亜目」として扱います。いわゆるイトトンボ型のトンボ類で、日本にはアオイトトンボ科、モノサシトンボ科、イトトンボ科、カワトンボ科など7科が分布しています。

アオイトトンボ科

おもに池沼、湿地など止水環境に生息し、春～秋に出現する。成虫越冬する種もいる。体長は約3.5~5.5cmで、均翅亜目では中型種。左右の複眼は離れ、金属光沢がある。斜めにぶら下がり、翅を開いて止まる種が多い。

アオイトトンボ

モノサシトンボ科

河川、池沼、湿地に生息し、初夏〜秋に出現する。体長は約3.5~5cmで、均翅亜目では中型種。左右の複眼は大きく離れ、腹部に定規のような模様がある。中脚と後脚の一部が白く広がる種が多い。少し斜めの姿勢で、翅を閉じて止まる。

オオモノサシトンボ

イトトンボ科

池沼、湿地、河川に生息し、植生豊かで明るい環境に多い。春〜秋に出現するが、成虫越冬する種もいる。体長は約2~5cmで、小型種が多く、色や模様はさまざま。左右の複眼は離れている。ほぼ水平〜少し斜めの姿勢で、翅を閉じて止まるが、少し広げるものもいる。

アジアイトトンボ

カワトンボ科

河川に生息し、春〜秋に出現する。体長は約4.5~8.0cmで、均翅亜目では中〜大型種。左右の複眼は離れており、金属光沢がある。また、翅に色の付いている種が多い。ほぼ水平な姿勢で、翅を閉じて止まる。

ハグロトンボ

アオイトトンボの仲間

やや大きめのイトトンボ類で、金属光沢をもつ種類が多い。抽水植物の生えた池や湿地などの止水環境に生息する。オツネントンボ、ホソミオツネントンボは翅を閉じて止まるが、アオイトトンボ属の各種はハの字型に翅を開いて止まるのが特徴。

オツネントンボ

Sympecma paedisca

成虫で越冬する種のひとつ。
春に水辺に現れ交尾や産卵を行う。
時 ほぼ年中　場 日向の池
分 北海道・本州・四国・九州
♂ 37-41mm　♀ 35-41mm

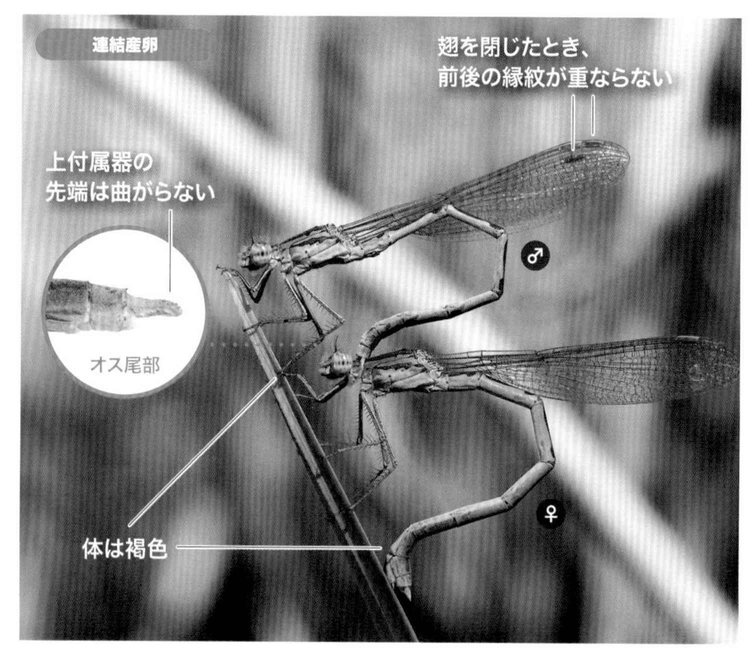

ホソミオツネントンボ

Indolestes peregrinus

成虫で越冬する3種のうちの一種。
春に成熟すると青くなる。
時 ほぼ年中　場 日向の池・湿地
分 本州・四国・九州
（北海道・南西諸島にも記録あり）
♂ 35-42mm　♀ 33-41mm

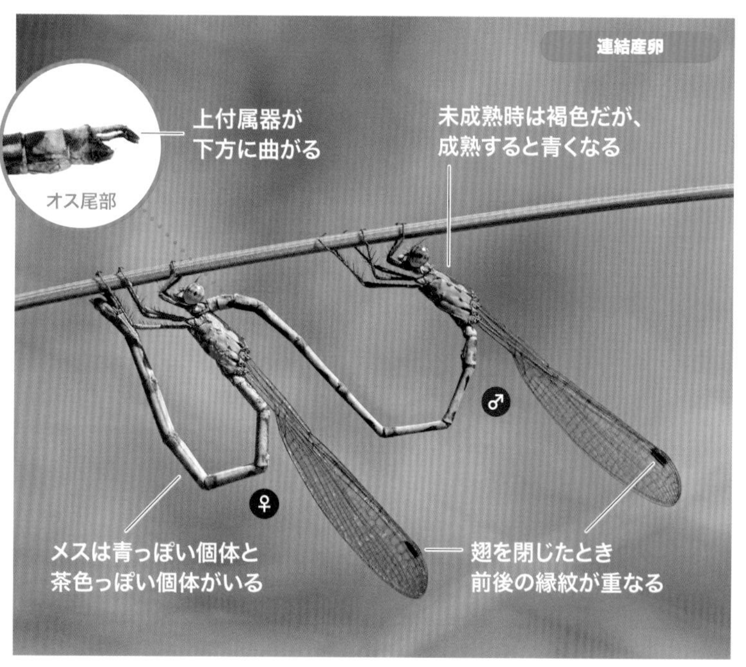

アオイトトンボ

Lestes sponsa

平地から山地まで広く見られる。
集団で産卵することもある。
時 初夏〜秋　場 日向の池
分 北海道・本州・四国・九州
♂ 34-48mm　♀ 35-48mm

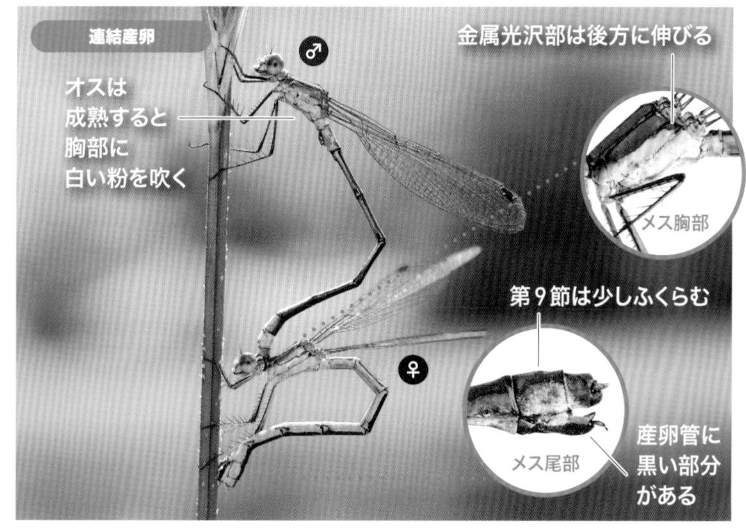

オオアオイトトンボ

Lestes temporalis

木陰の多い池を好む。
水面に張り出した木の枝に産卵する。
時 夏〜秋　場 日陰の池
分 北海道・本州・四国・九州
♂ 40-55mm　♀ 40-50mm

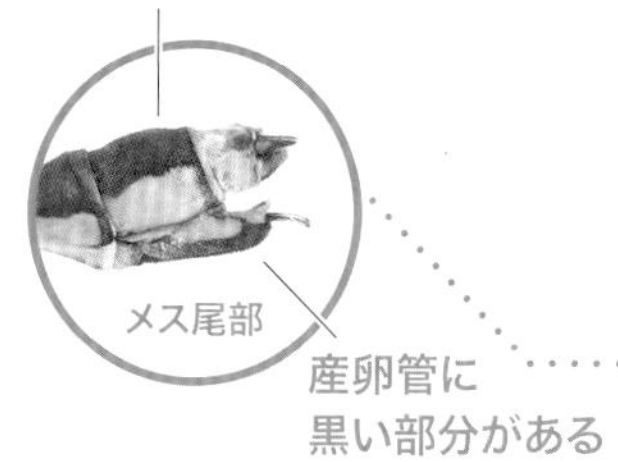

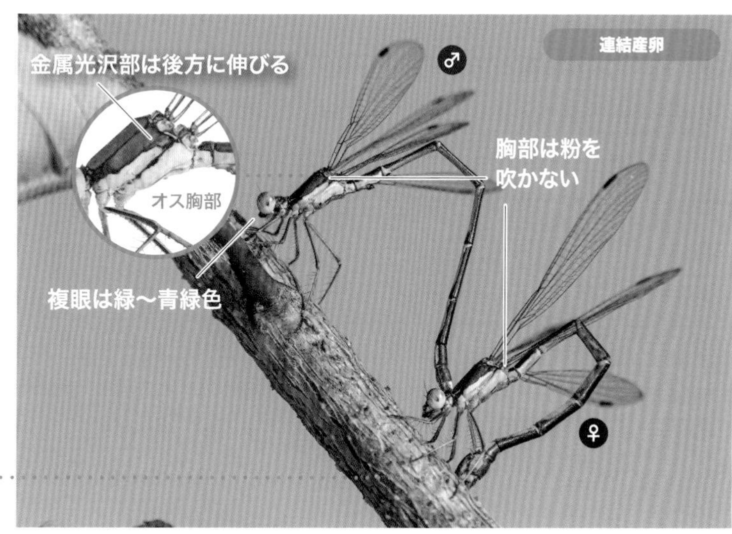

コバネアオイトトンボ

Lestes japonicus

自然豊かな地域の抽水植物の多い池にすむ。環境省レッドリスト絶滅危惧IB類（EN）。
時 夏〜秋　場 日向の池
分 本州・四国・九州
♂ 39-44mm　♀ 38-43mm

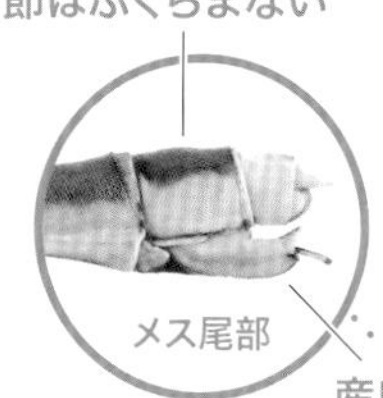

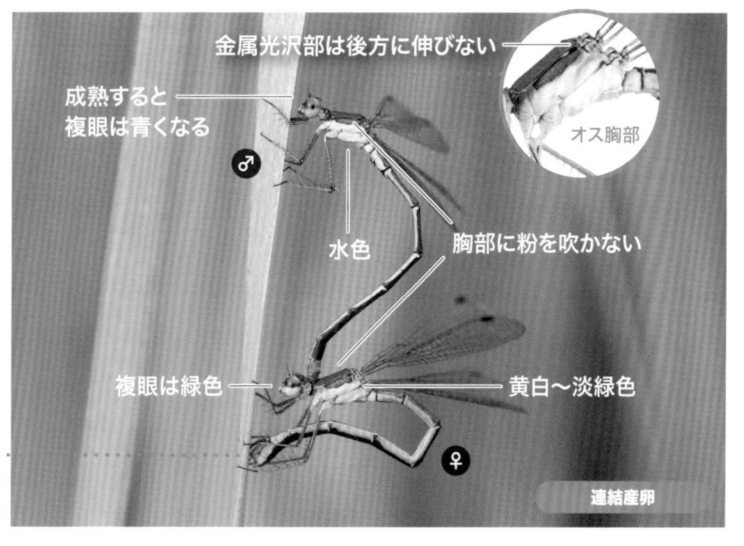

モノサシトンボの仲間

やや大きめのイトトンボ類で、翅を閉じて止まる。オスの中・後脚の脛節が白く目立つ種類が多い。腹部は長く、定規の目盛りのような反復模様になるものが多い。流れの緩やかな川や池にすむ。

グンバイトンボ

Platycnemis sasakii

流れの緩やかな川にすむ。
オスの脚には白く広がる部分がある。
時 初夏～夏　場 中流
分 本州・四国・九州
♂ 37-41mm　♀ 37-41mm

アマゴイルリトンボ

Platycnemis echigoana

おもに東北地方に分布する。
オスの体は青い。
時 初夏～夏　場 日陰の池
分 本州（東北～信越）
♂ 35-44mm　♀ 37-42mm

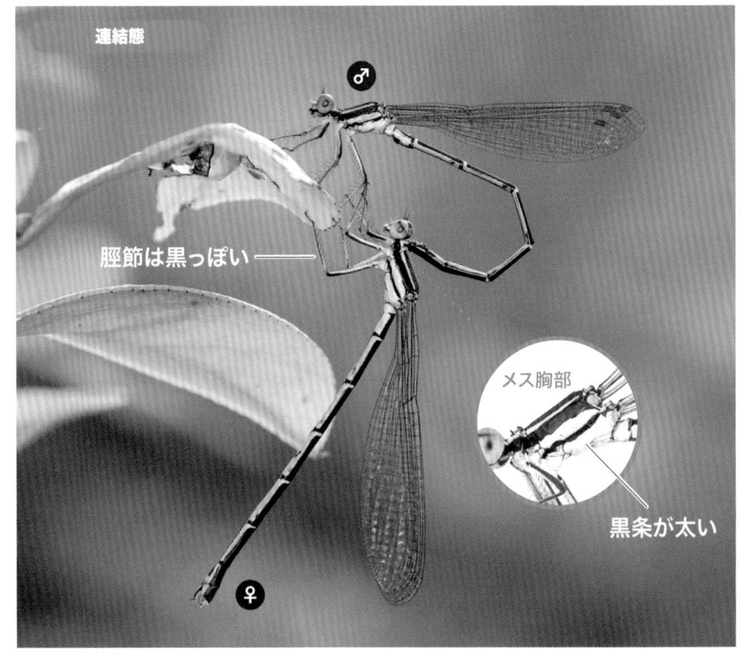

モノサシトンボ

Pseudocopera annulata

木陰のある池を好む。
腹部には定規の目盛りのような模様がある。
時 初夏〜秋　場 日陰の池
分 北海道・本州・四国・九州
♂ 39-50mm　♀ 38-51mm

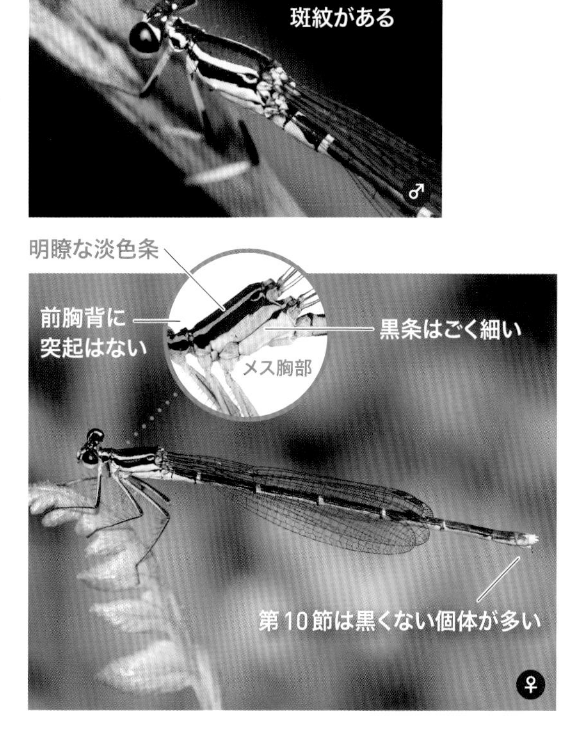

オオモノサシトンボ

Pseudocopera rubripes

利根川、信濃川下流域および
宮城県の河跡池沼にすむ。
環境省レッドリスト絶滅危惧IB類(EN)。
時 初夏〜秋　場 日向の池
分 本州(東日本)
♂ 43-51mm　♀ 42-51mm

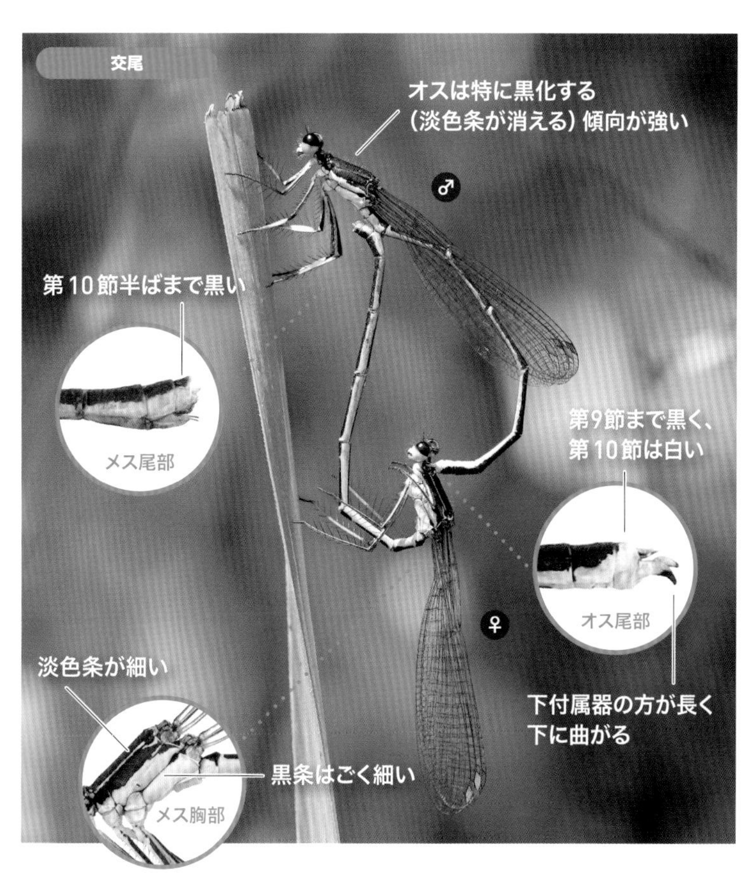

間違いやすい青や緑のイトトンボの仲間①

体が細く小さなイトトンボ科の仲間には、青色や緑色をした種類が多く、雌雄でも体色が異なるなど見分けが難しいが、観察や撮影を重ねると、生息する環境が微妙に違うことや、区別するときに見るべきいくつかのポイントがわかってくる。p49ではより詳細に各種の部位を比較している。

オオセスジイトトンボ

Paracercion plagiosum

模様はセスジイトトンボに似るが、明らかに大きい。環境省レッドリスト絶滅危惧IB類（EN)。

時 初夏〜夏　場 日向の池

分 本州（東日本）

♂39-47mm　♀42-49mm

クロイトトンボ

Paracercion calamorum

最も普通に見られるイトトンボの一種。メスには青と緑の2型がある。

時 春〜秋　場 日向の池

分 北海道・本州・四国・九州

♂27-36mm　♀29-38mm

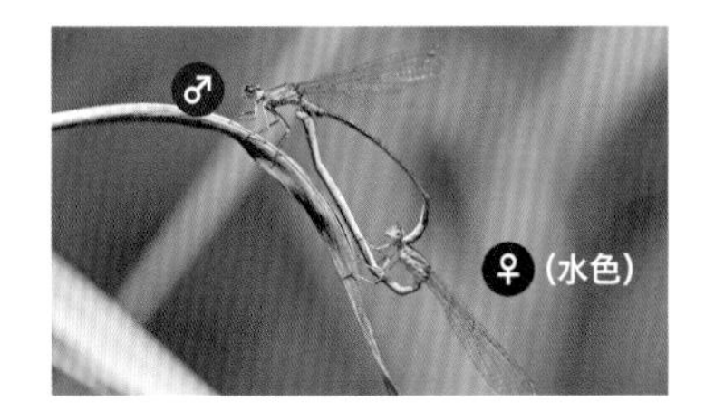

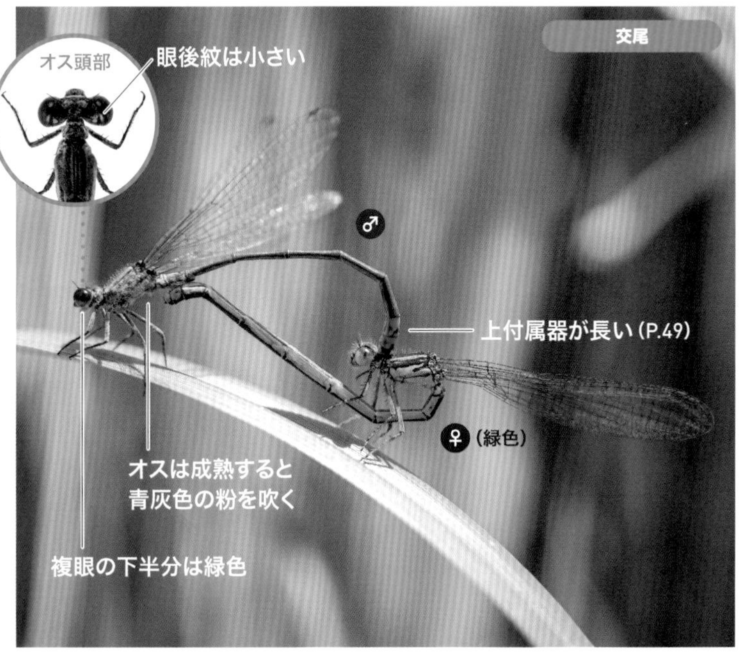

セスジイトトンボ

Paracercion hieroglyphicum

植物の豊富な池や流れの緩やかな川にすむ。

時春〜秋　場日向の池　分北海道・本州・四国・九州

♂27-36mm　♀28-37mm

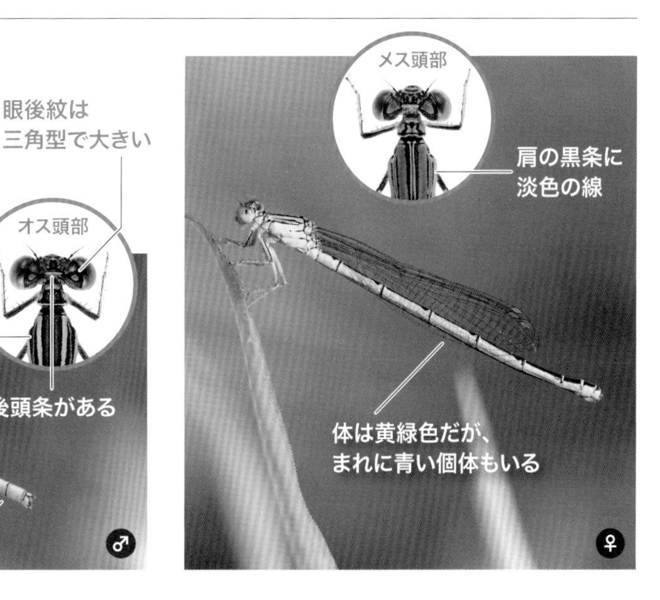

ムスジイトトンボ

Paracercion melanotum

温暖な平野部の池にすみ、
海岸近くの池でも見られる。

時春〜秋　場日向の池

分本州・四国・九州・沖縄

♂30-39mm　♀31-39mm

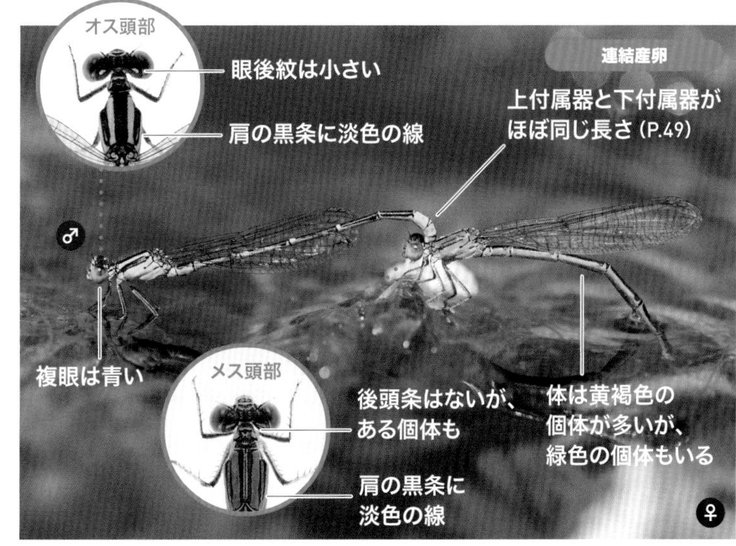

オオイトトンボ

Paracercion sieboldii

植物の豊富な池や湿地にすむ。
メスには青と緑の2型がある。

時春〜秋　場日向の池・湿地

分北海道・本州・四国・九州

♂27-38mm　♀28-42mm

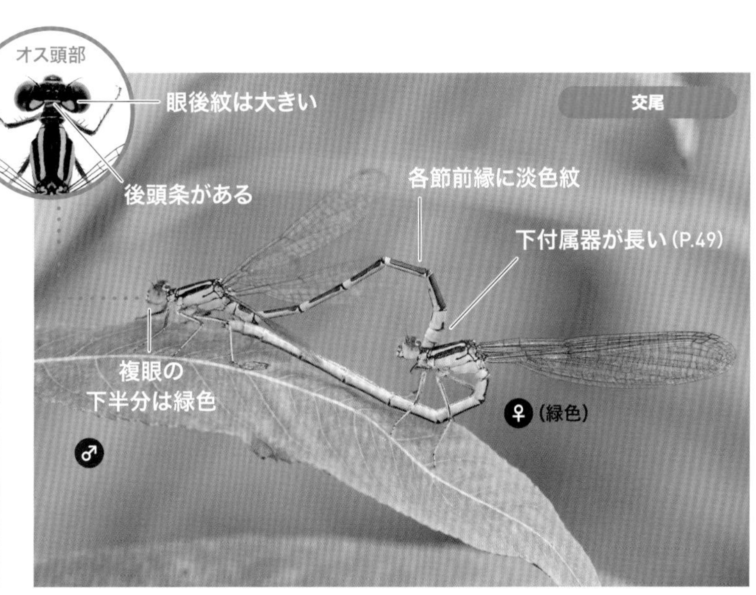

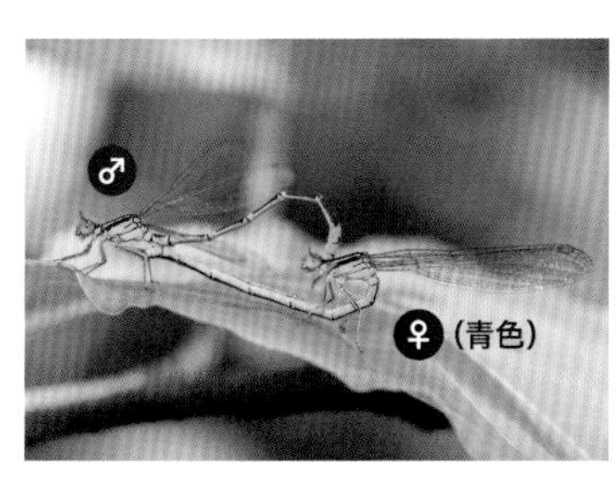

間違いやすい青や緑のイトトンボの仲間②

ここに挙げた種類のうち、エゾイトトンボ、オゼイトトンボ、ルリイトトンボは北海道や東日本、北陸地方の冷涼な地域だけに分布する。ホソミイトトンボは西日本から関東地方にかけての温暖な地域に分布しているが、近年どんどん分布を広げている。

エゾイトトンボ

Coenagrion lanceolatum

寒冷地の池や湿地にすむ。
メスはオオイトトンボ(P.45)と見間違いやすい。
時 春～夏　場 日向の池
分 北海道・本州(東北・北陸)
♂ 30-39mm　♀ 30-40mm

オゼイトトンボ

Coenagrion terue

寒冷地の浅い湿地にすむ。
時 春～夏　場 湿地
分 北海道・本州(東北～信越)
♂ 33-40mm　♀ 33-38mm

眼後紋は洋梨型で
後頭条とつながっている

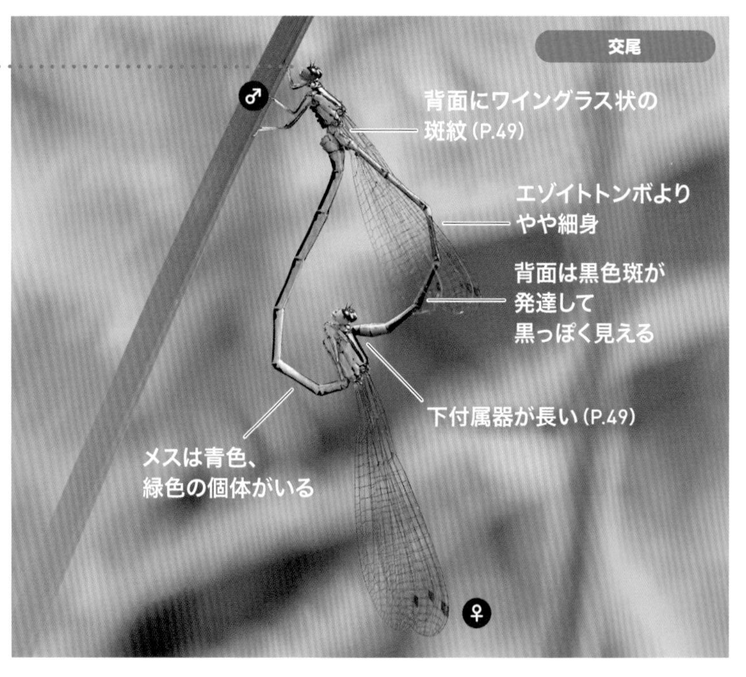

ルリイトトンボ

Enallagma circulatum

寒冷地で水生植物の豊富な池にすむ。
メスは青と緑の2型がある。
時 初夏〜夏　場 日向の池
分 北海道・本州（東北〜信越）
♂ 32-37mm　♀ 32-37mm

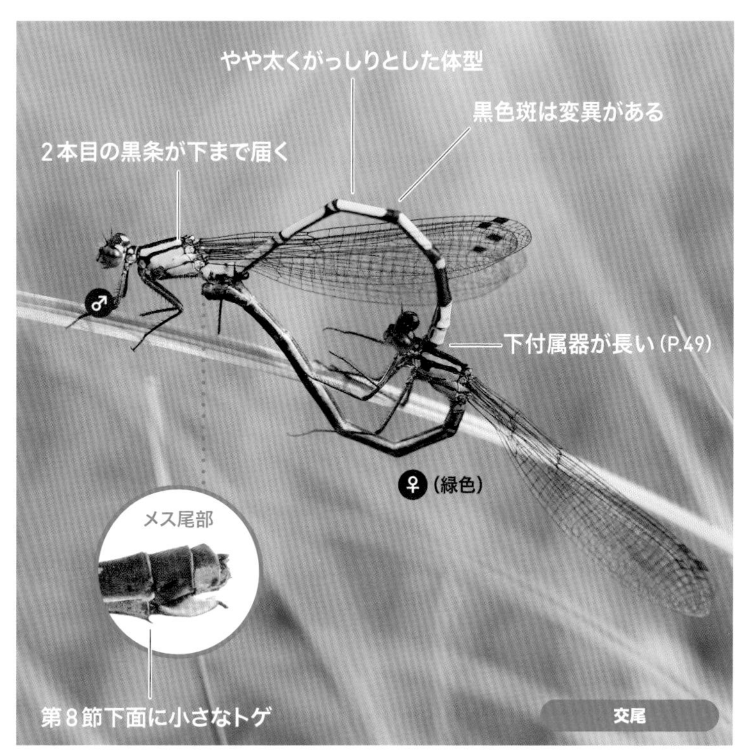

ホソミイトトンボ

Aciagrion migratum

夏に発生して繁殖する夏型と、
晩夏に発生して越冬し、
春に繁殖する越冬型がある。
時 ほぼ年中　場 日向の池・水田
分 本州・四国・九州
♂ 30-38mm　♀ 31-38mm

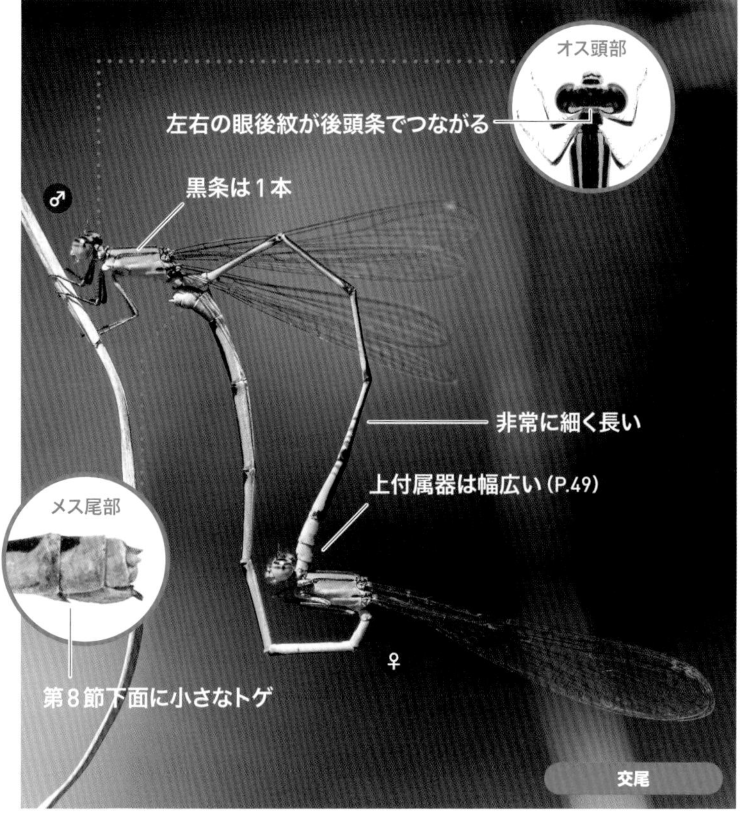

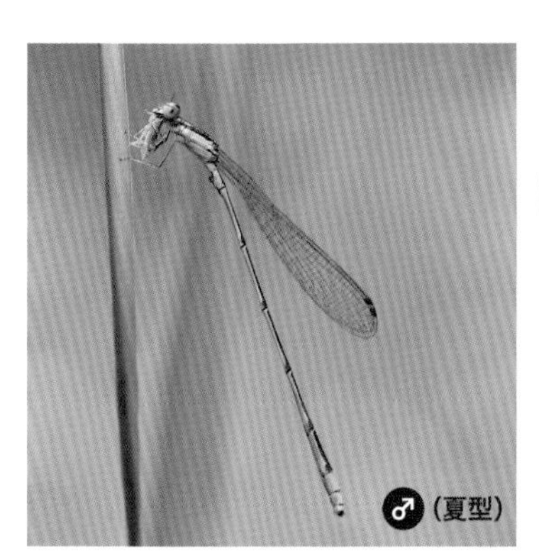

間違いやすい青や緑のイトトンボの仲間③

青や緑のイトトンボのうち、ここに挙げた2種は特に分布が広く、人工的なビオトープなどにも飛来することがある身近な種類。成熟に伴う色の変化や個体差もあるので、よく観察して見分けたい。

アオモンイトトンボ

Ischnura senegalensis

おもに平野部の池で見られる。メスにはオスと同じ体色をしたものもいる。

時 春〜秋　場 下流・日向の池

分 本州・四国・九州・沖縄

♂ 30-37mm　♀ 29-38mm

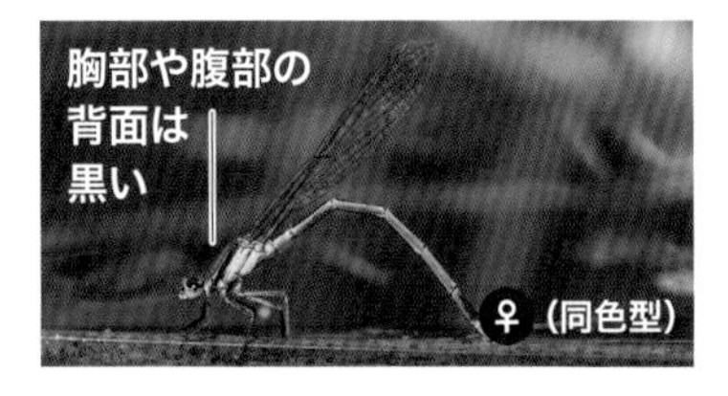

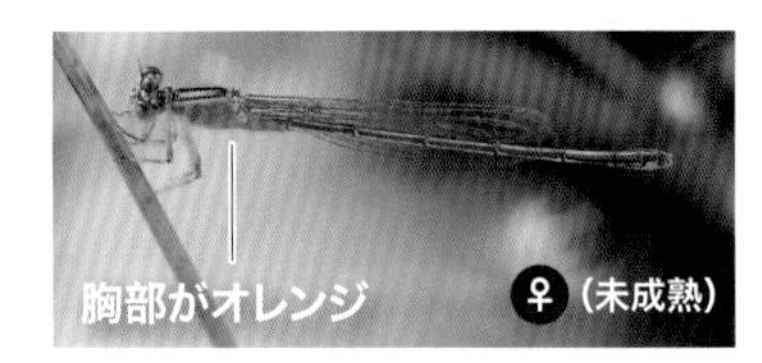

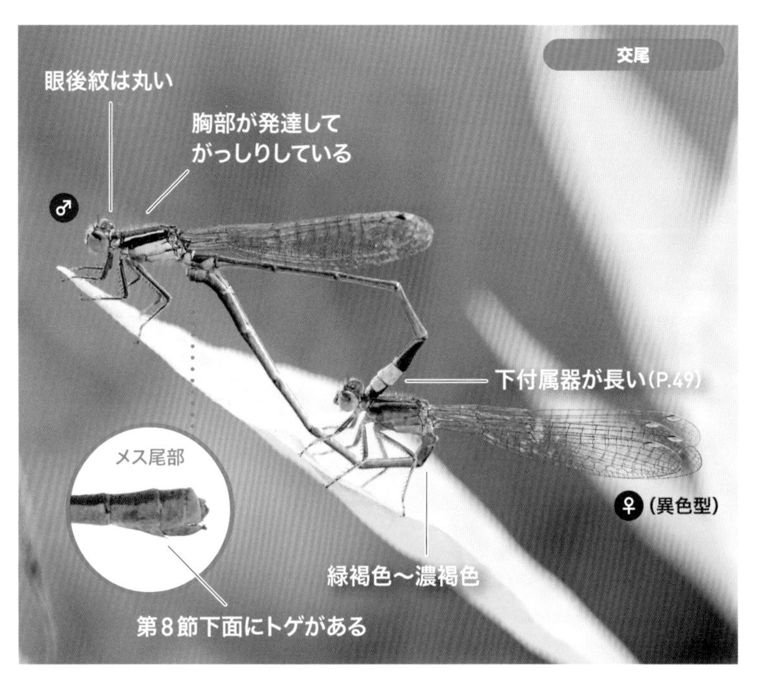

アジアイトトンボ

Ischnura asiatica

おもに平野部の湿地や池で見られる小型のイトトンボ。

時 春　場 湿地

分 北海道・本州・四国・九州・沖縄

♂ 24-33mm　♀ 24-34mm

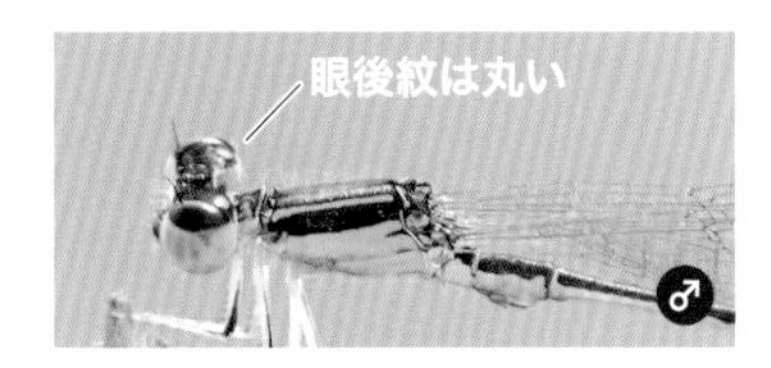

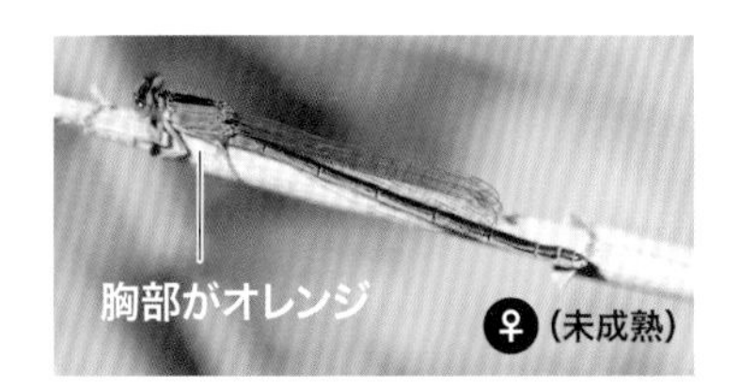

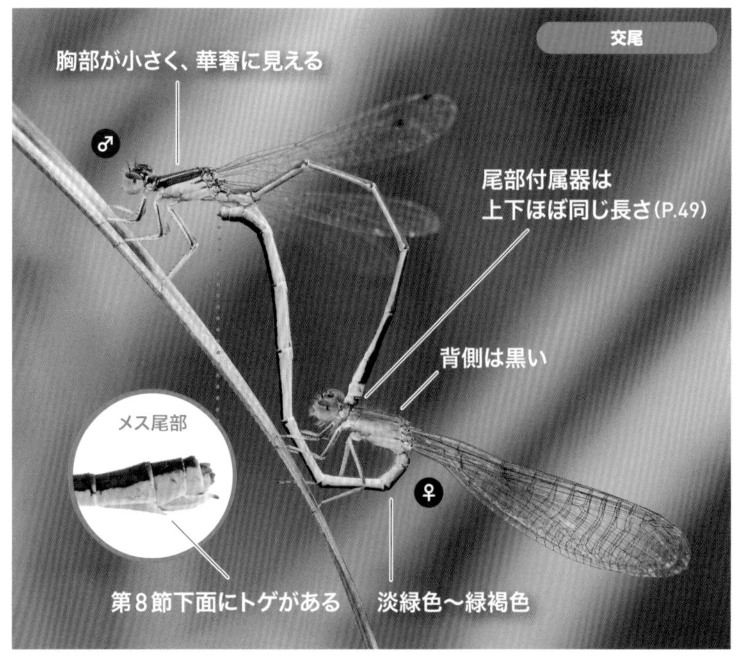

column

互いによく似たイトトンボ科のオスの部位比較

	頭部(背面)	胸部(横)	腹部第2節(背面)	尾部(横)	尾部(背面)
◉オオセスジイトトンボ P.44	 眼後紋は大きく複雑な模様がある	 黒条の中に淡色の線	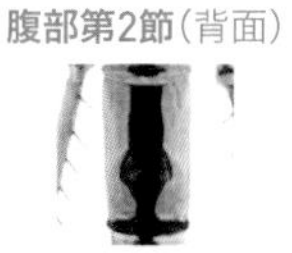	 上付属器が長い	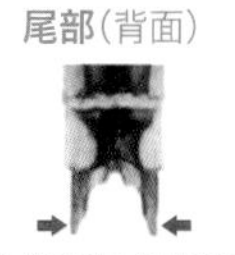 上付属器の先は尖る
◉クロイトトンボ P.44	 眼後紋は小さい	 青灰色の粉を吹く		 上付属器が長い	ハの字に広がり先端に丸みがある
◉セスジイトトンボ P.45	 眼後紋は三角型 後頭条のある個体が多い	 黒条の中に淡色の線		上付属器が長い	 ハの字に広がり先端は尖る
◉ムスジイトトンボ P.45	 眼後紋は横長で小さく後頭条はない	 黒条の中にわずかに淡色の線	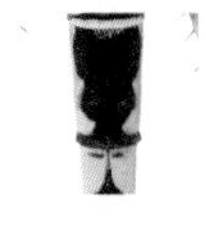	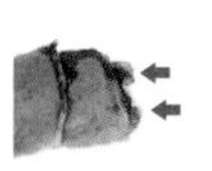 上下の尾部付属器は同じ長さ	 ハの字に広がらない
◉オオイトトンボ P.45	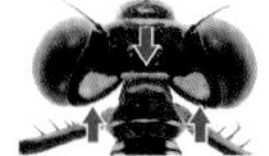 眼後紋は大きく後頭条あり	 黒条の中に淡色の線はない		下付属器が長い	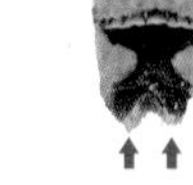 下付属器が目立つ
◉エゾイトトンボ P.46	 眼後紋は三角形、後頭条あり	 黒条の中に淡色の線はない	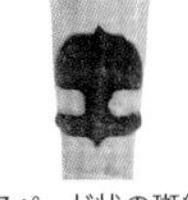 スペード状の斑紋	 上下の尾部付属器はほぼ同じ長さ	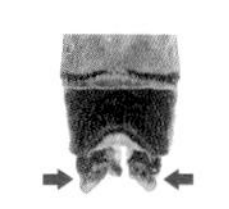 上下の尾部付属器はほぼ同じ長さ
◉オゼイトトンボ P.46	 眼後紋は大きく後頭条が明瞭	 黒条の中に淡色の線はない	 ワイングラス状の斑紋	下付属器が長い	 下付属器の先が鉤型
◉ルリイトトンボ P.47	 眼後紋は大きく楕円形	後方にも黒条	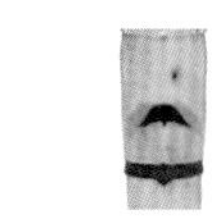	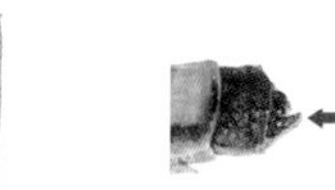 下付属器が長い	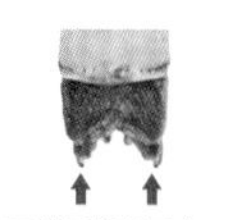 下付属器が目立つ
◉ホソミイトトンボ P.47	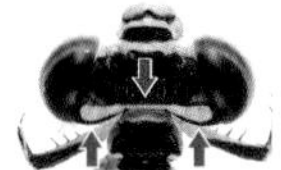 眼後紋が後頭条でつながる	 黒条の中に淡色の線はない		 上付属器は幅広い	 ハの字に開く
◉アオモンイトトンボ P.48	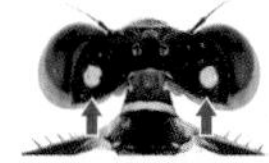 眼後紋は丸い	 黒条の中に淡色の線はない	 光沢の目立つ個体が多い	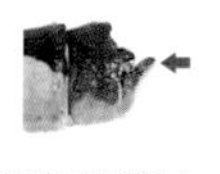 下付属器が目立つ	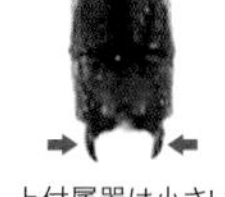 上付属器は小さい
◉アジアイトトンボ P.48	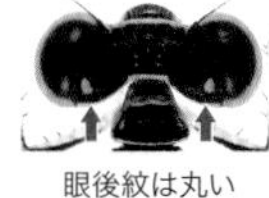 眼後紋は丸い	 黒条の中に淡色の線はない	 光沢の弱い個体が多い	 上下の尾部付属器は同じ長さ	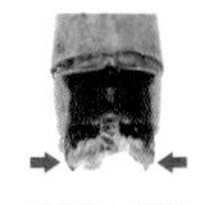 尾部付属器は小さく目立たない

黄色や赤のイトトンボの仲間

イトトンボ科の仲間には、鮮やかな黄色や赤を身にまとった種がいて、野外で見るととても美しい。オスは比較的簡単に見分けられるが、メスは互いによく似ているので、慎重に見くらべたい。

キイトトンボ

Ceriagrion melanurum

水生植物の豊富な池や湿地で見られる。オスは鮮やかな黄色。

時 初夏〜秋　場 日向の池・湿地　分 本州・四国・九州

♂ 31-44mm　♀ 33-48mm

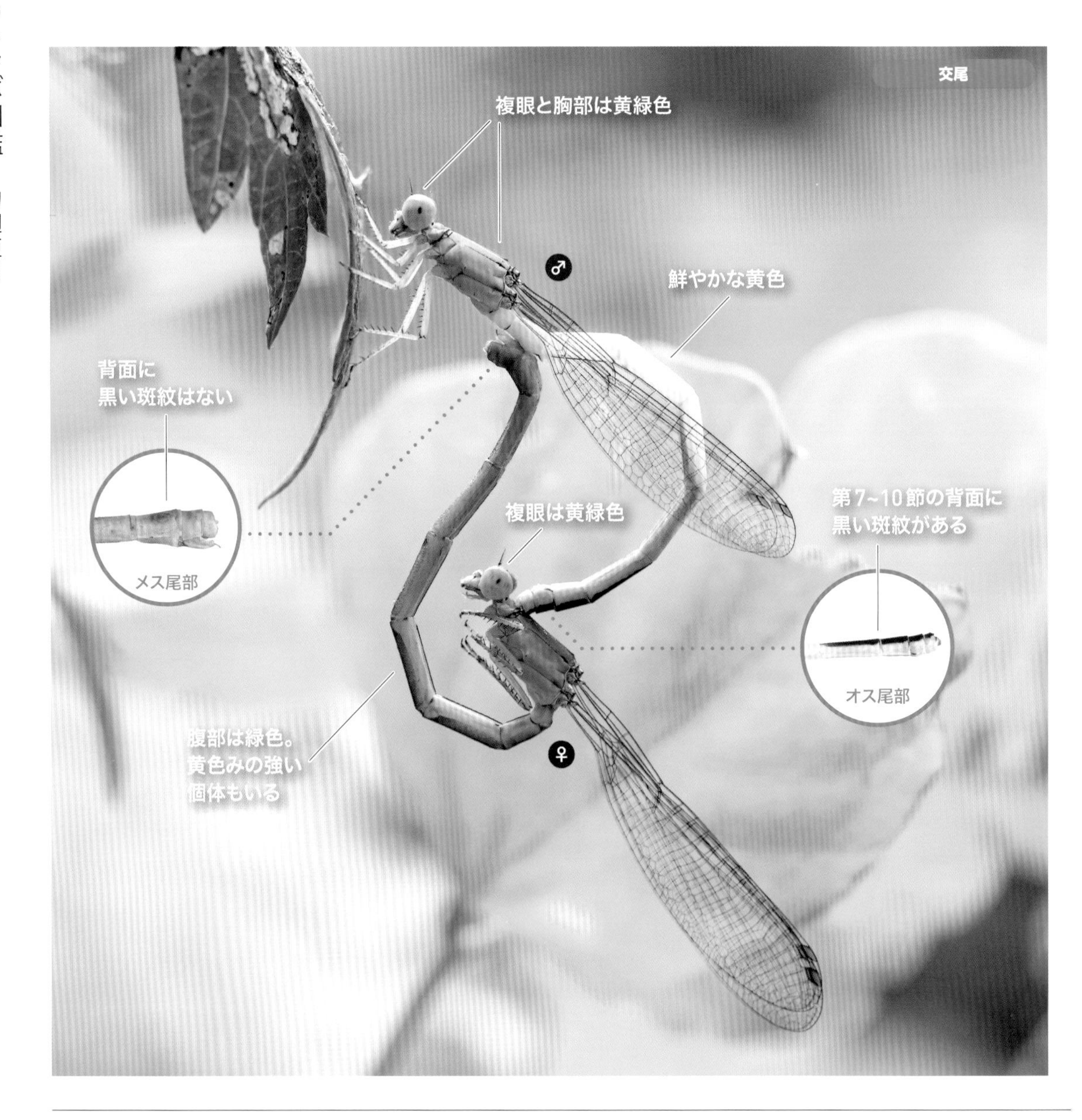

ベニイトトンボ

Ceriagrion nipponicum

水生植物の豊富な池で見られる。オスは鮮やかな赤色。

時 初夏〜秋　場 日陰の池

分 本州・四国・九州

♂ 32-43mm　♀ 36-45mm

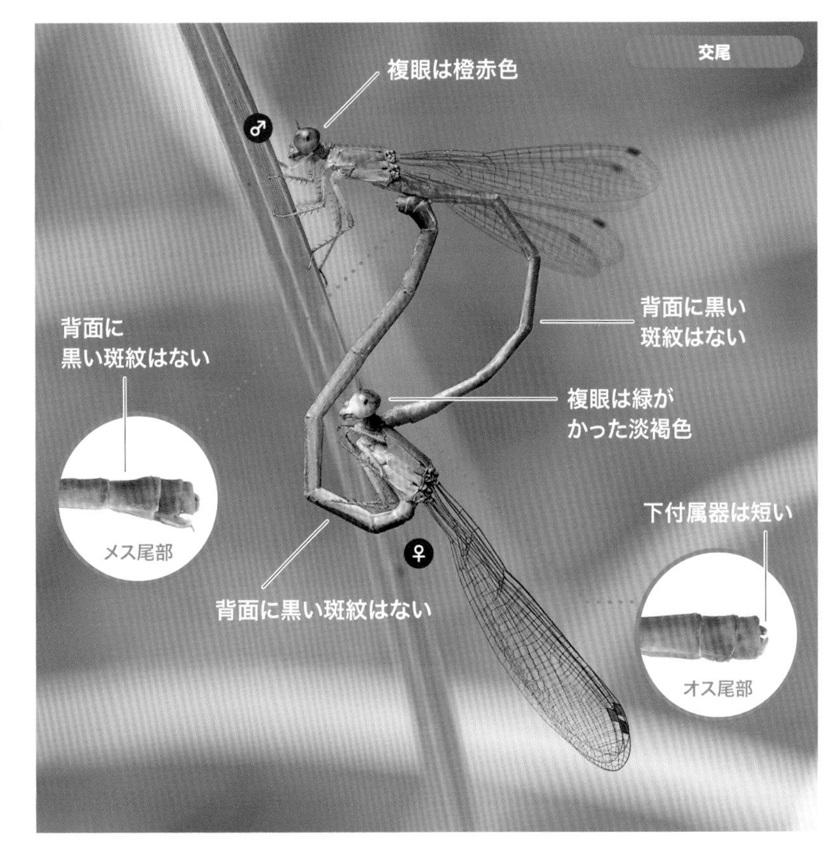

リュウキュウベニイトトンボ

Ceriagrion auranticum

温暖な地域の植生豊富な湿地や池にすむ。関東地方では外来種。

時 春〜秋　場 湿地・日向の池

分 本州・四国・九州・沖縄

♂ 34-45mm　♀ 34-47mm

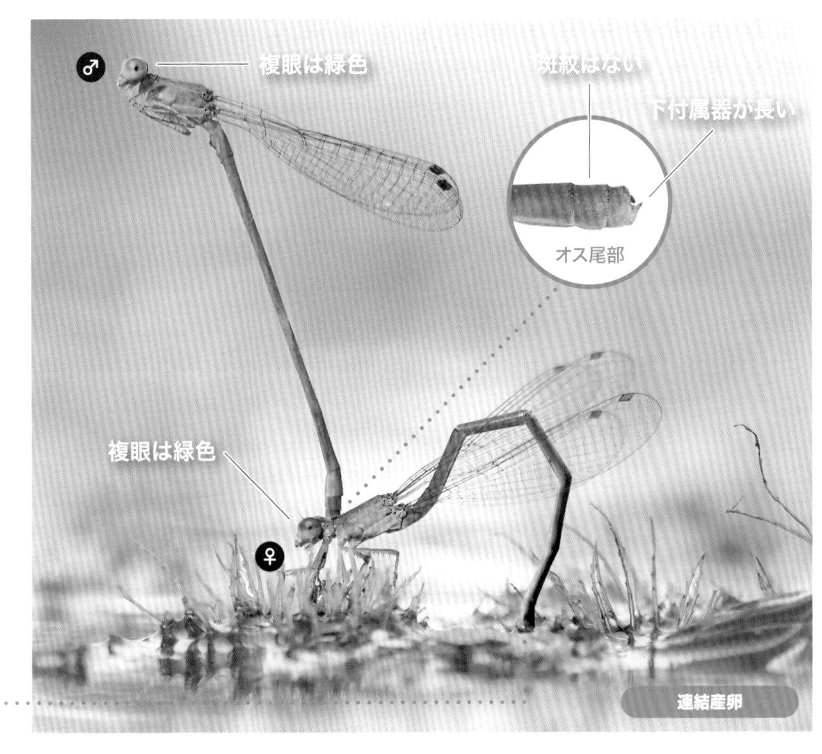

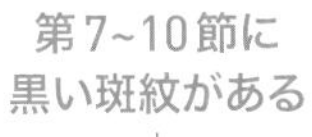

特に小さいイトトンボの仲間

小型種が多いイトトンボの中でも、ひときわ小型の種類。カラカネイトトンボは金属光沢がある。コフキヒメイトトンボとモートンイトトンボは似ているが、前者は四国、九州以南に分布し、オスは成熟すると白い粉を帯びる。ヒヌマイトトンボは河川下流域のヨシ原という特殊な環境で見られる。

モートンイトトンボ

Mortonagrion selenion

植物の豊富な湿地で見られる小型のイトトンボ。メスは成熟に伴い橙色から緑色に変化する。

時 初夏〜夏　場 湿地・水田　分 本州・四国・九州

♂ 23-32mm　♀ 22-31mm

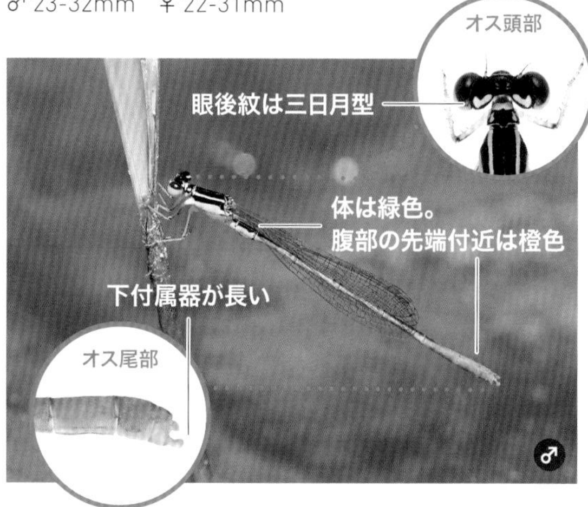

ヒヌマイトトンボ

Mortonagrion hirosei

河口近くのヨシ原に生息する。環境省レッドリスト絶滅危惧IB類（EN）。

時 初夏〜夏　場 下流　分 本州・九州

♂ 29-33mm　♀ 29-34mm

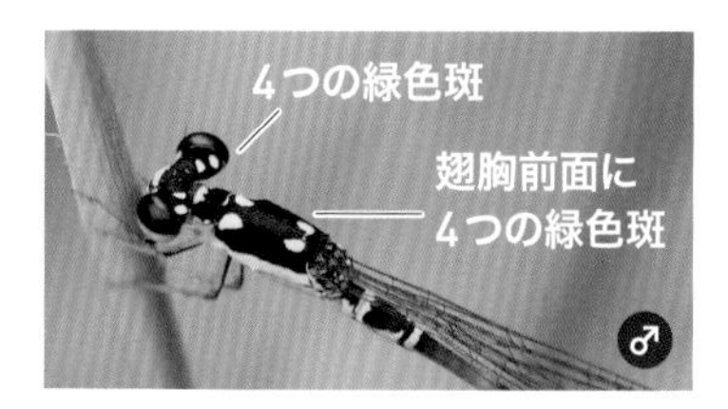

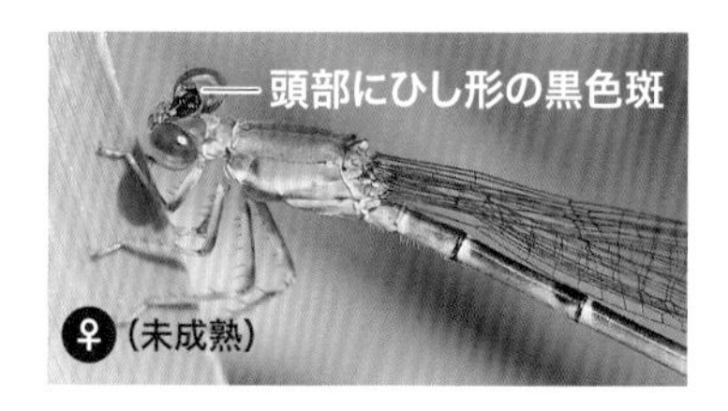

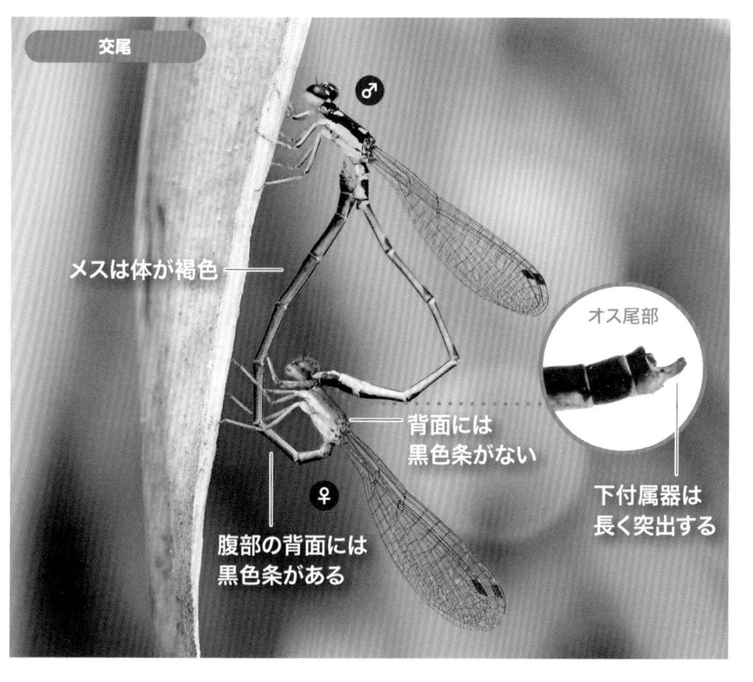

コフキヒメイトトンボ

Agriocnemis femina

四国・九州以南の湿地に生息する小さなイトトンボ。
オスの胸部は白い粉に覆われている。

時 春〜秋　場 湿地　分 四国・九州・沖縄
♂ 21-27mm　♀ 21-27mm

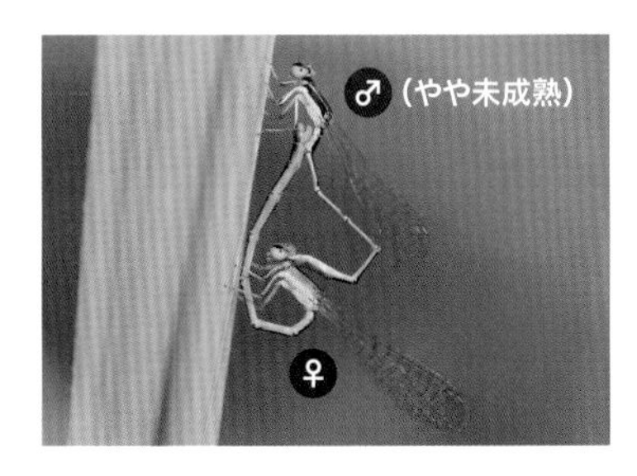

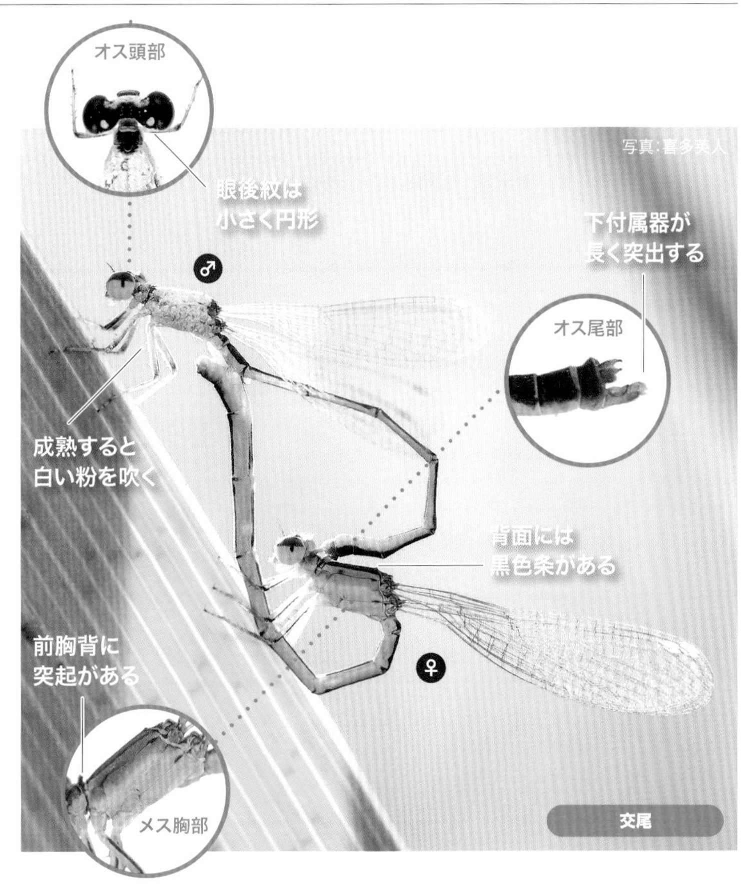

カラカネイトトンボ

Nehalennia speciosa

北海道や本州の寒冷な湿地に生息する小さなイトトンボ。
体の一部に金属光沢がある。

時 初夏〜秋　場 湿地
分 北海道・本州（おもに東北地方）
♂ 27-30mm　♀ 26-29mm

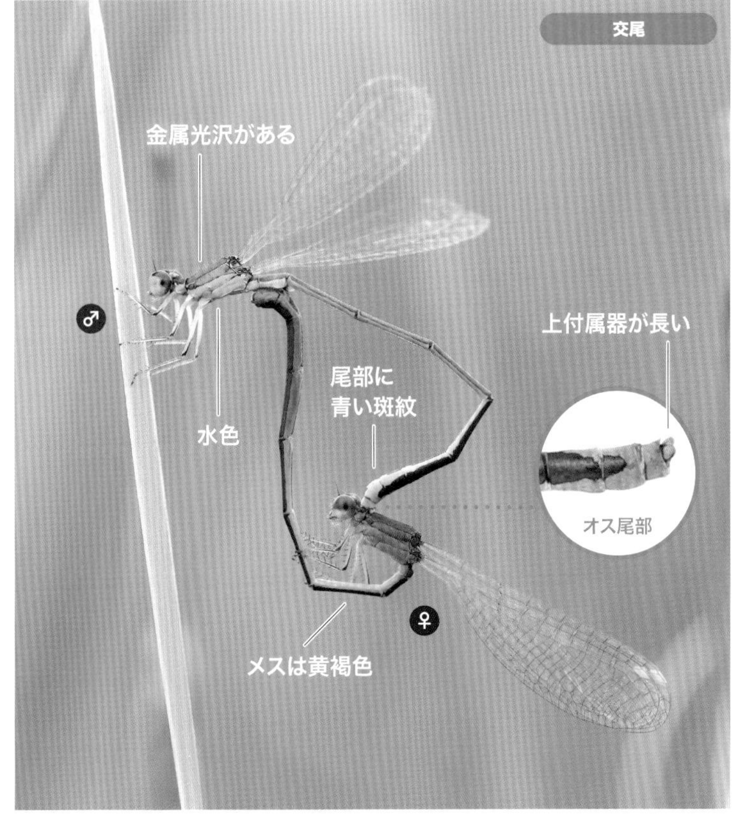

カワトンボの仲間①

その名の通り川にすむトンボの仲間。イトトンボに似た体型だがずっと大きく、金属光沢をもつ種が多い。翅は閉じて止まる。アサヒナカワトンボとニホンカワトンボは酷似していて、外見での区別が難しい。同じ種でも翅の色は橙色や無色などいくつかのタイプがある。

アサヒナカワトンボ

Mnais pruinosa

おもに川の上流域にすむ。

時春～夏　場源流・上流　分本州・四国・九州

♂ 43-66mm　♀ 42-58mm

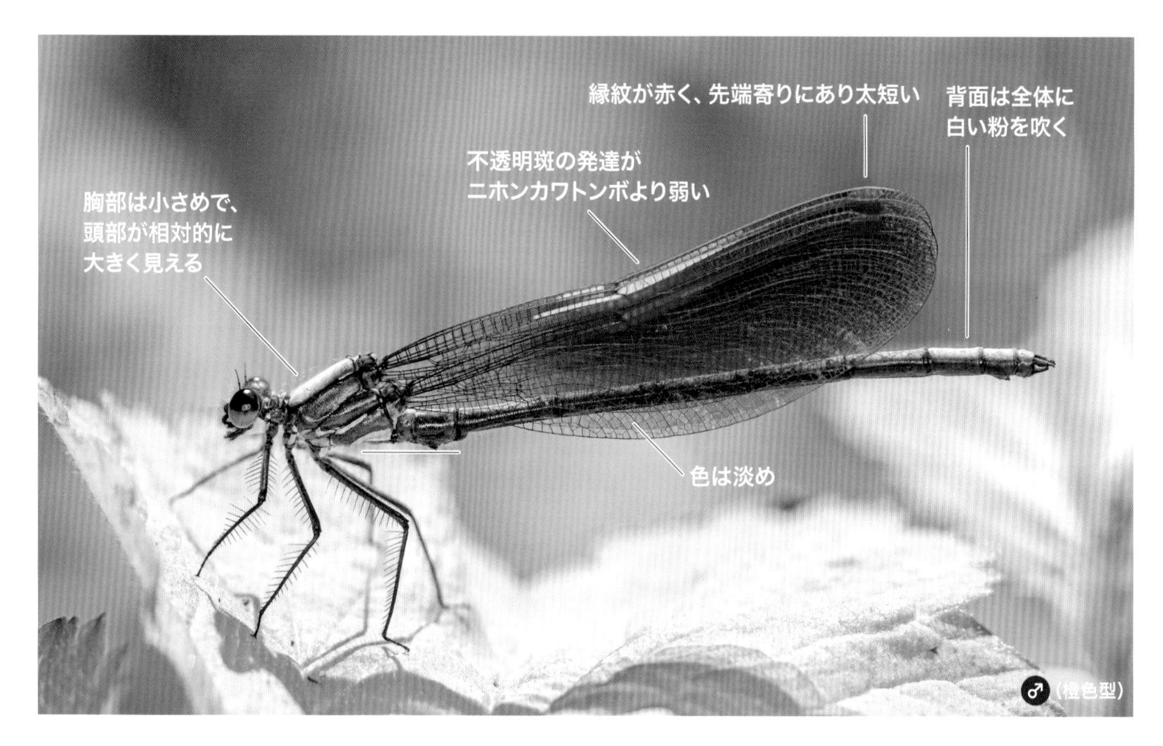

ニホンカワトンボ

Mnais costalis

川の上〜中流域にすむ。

時春〜夏　場上流・中流　分北海道・本州・四国・九州

♂50-68mm　♀47-61mm

カワトンボの仲間②

カワトンボ科の中でも、オスメスとも美しい翅をもち体に白い粉を吹かない種類。川の上流にはミヤマカワトンボ、中流にはアオハダトンボ、中流から下流にはハグロトンボと、おおむねすみ分けている。

ミヤマカワトンボ

Calopteryx cornelia

もっとも大型のカワトンボ類。川の上流域にすむ。

時 初夏〜夏　場 上流
分 北海道・本州・四国・九州
♂65-80mm　♀63-77mm

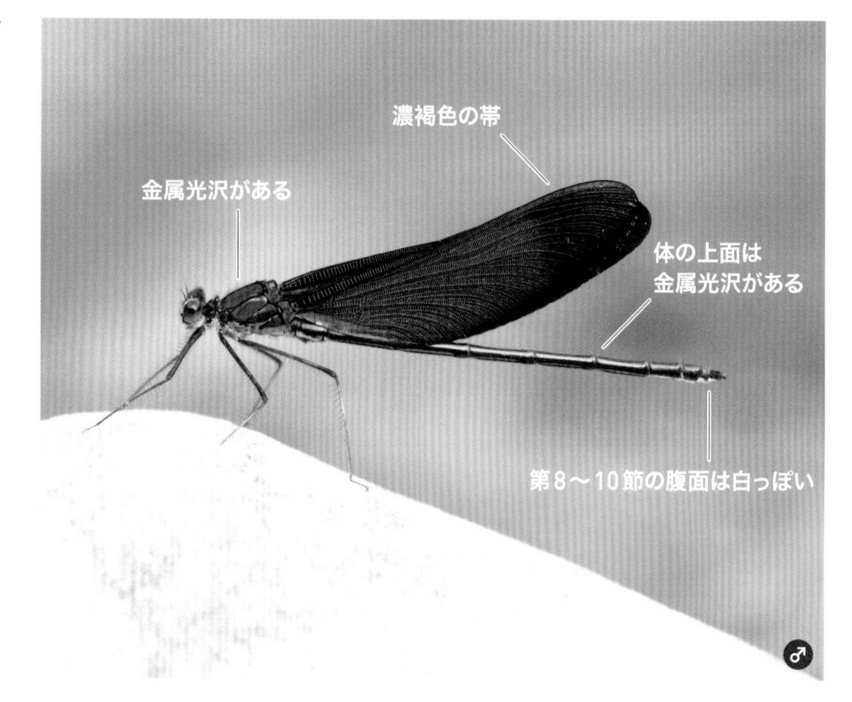

アオハダトンボ

Calopteryx japonica

オスの翅は青く輝く。
川の中流域にすむ。
時 初夏　場 中流　分 本州・九州
♂ 57-63mm　♀ 55-59mm

ハグロトンボ

Atrocalopteryx atrata

オスは黒色の翅をもつ。
川の中〜下流域にすむ。
時 夏〜秋　場 中流
分 本州・四国・九州
♂ 57-68mm　♀ 54-66mm

column

トンボを撮影してみよう① 準備編

トンボは昆虫の中ではかなり大型の部類で、比較的撮影しやすい被写体でもあることから、写真撮影を楽しむ方は年々増えているようです。気軽にスナップするもよし、その造形美や生態にこだわって表現するもよし。自分なりのスタイルでトンボの撮影を楽しみましょう。

❶機材を選ぶ

止まっているトンボであれば、いまや多くの方が持ち歩いているスマートフォンでも撮影することができます。むしろいつでも持ち歩いている分だけ、チャンスに強いと言えるかもしれません。またレンズ一体型のコンパクトなデジタルカメラも、その機動性の高さや一部機種についた防水性能などで、得意な場面があります。一方で、縄張り行動や交尾、産卵など、トンボの行動、生態を撮影しようとすると、やはりレンズ交換式のデジタルカメラに軍配が上がります。

メーカーや機種は特にこれでなければダメというものはありませんので、自分が使いやすいと思ったものを選びましょう。おすすめはいわゆるミラーレス一眼に望遠ズームレンズの組み合わせ。多くの場面はこれで対応できます。あとはマクロレンズや広角レンズ、ストロボなどを持っておけば、表現の幅が広がりいっそう深く楽しむことができるでしょう。

推奨機材
レンズ交換式ミラーレスカメラ、一眼レフカメラ
100mmクラスのマクロレンズ、300mm程度まで撮れる望遠ズームレンズ、20~28mm程度で最短撮影距離の短い（25cm以下）広角レンズ、手動で発光量が細かく調整できるストロボ。
＊レンズの焦点距離は35mm判換算

❷当日の準備

トンボがいるのは水辺です。どうしても足元がぬかるんでいたり、浅い水の中に入って撮影することになるので、長靴は必須の装備といえます。水深のあるところではウェーダー（胴長）を着用しますが、急に深くなっているところもあるので、夢中になってあまり水の中に入りすぎないよう気をつけることも大切です。また強い日差しやカやブユなどの吸血昆虫を避けるため、帽子や長袖のシャツ、日焼け止めや虫除け剤といった装備をしておくと安心です。

❸トンボに近づく

トンボに限らず昆虫のような小さな生き物を撮るときは、近づいた方がピントが合いやすく、質感がよく写ります。しかしトンボはとても目のいい昆虫なので、不用意に近づくと写真を撮る前に逃げられてしまいます。そこで大事になってくるのが、低い姿勢でゆっくり、まっすぐ近づくこと。これもトンボに限らずそうですが、多くの昆虫は横方向、縦方向の動きに敏感な反面、前後方向の動きには比較的鈍感です。そこで接近しようとするときは、あらかじめ低い姿勢をとり、できる限りゆっくり一歩ずつ、そっとそっと近づくのです。うまくいくと、それまでの敏感さが嘘のような距離まで行けて、手で触れても逃げないほどになり、スマートフォンやコンパクトカメラでもびっくりするほど大きく、そしてシャープな写真を撮ることができます。

くらべてわかるトンボ図鑑

不均翅亜目①

不均翅亜目（ふきんしあもく）①で紹介するトンボのグループ

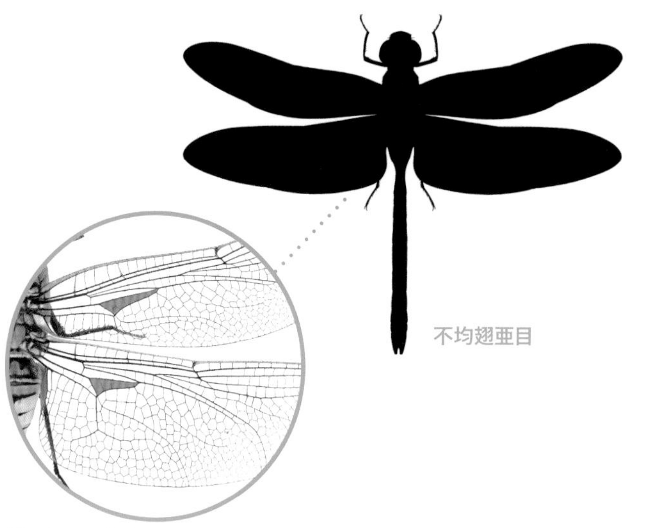
不均翅亜目

翅にある三角室

　不均翅亜目は後翅の方が大きい・翅に三角室がある・腹部が太くがっしりしているといった特徴を持つトンボのグループです。中～大型の種が多く、日本からはヤンマ科、サナエトンボ科、エゾトンボ科、ヤマトンボ科、トンボ科など9科が知られています。この章では不均翅亜目（＋ムカシトンボ亜目）のうち、トンボ科を除くグループを紹介します。

ムカシトンボ亜目

　また、不均翅亜目に含まれることもあるムカシトンボ亜目は、日本とユーラシア大陸の一部から知られる仲間で、世界から1属4種、日本からはそのうち1種だけが知られています。均翅亜目と同様に前後の翅が似た形をしていますが、腹部は太くて不均翅亜目に近い、両者の中間的な姿をしています。

ムカシヤンマ科

湿地や水の滲み出る崖に生息し、春～初夏に出現する。体長は約6.5~8cmで、大型種である。左右の複眼は離れ、その色は黒褐色。黄色と黒のしま模様で、翅の縁紋が非常に細長い。メスには産卵管がある。ほぼ水平な姿勢で、翅を広げて止まる。

ムカシヤンマ

ムカシトンボ

ムカシトンボ科

河川の源流域に生息し、春に出現する。前後の翅の形はほぼ同じ。左右の複眼は離れ、その色は明るい灰褐色。体長は約4.5~5.5cm。黄色と黒のしま模様で、メスには産卵管がある。ぶら下がり姿勢で、翅を半開き～閉じて止まる。

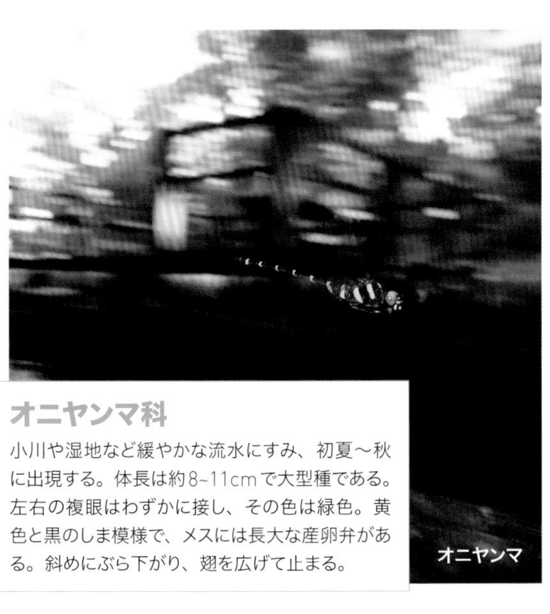

オニヤンマ

オニヤンマ科

小川や湿地など緩やかな流水にすみ、初夏～秋に出現する。体長は約8~11cmで大型種である。左右の複眼はわずかに接し、その色は緑色。黄色と黒のしま模様で、メスには長大な産卵弁がある。斜めにぶら下がり、翅を広げて止まる。

カラスヤンマ

ミナミヤンマ科

河川の源流～上流域に生息し、初夏～夏に出現する。体長は約7～9cmで大型種である。左右の複眼はわずかに離れ、その色は緑色。黄色と黒のしま模様のトンボ。メスには小さな産卵弁がある。またメスの翅は地域によって模様に変異がある。ぶら下がり姿勢で、翅を広げて止まる。

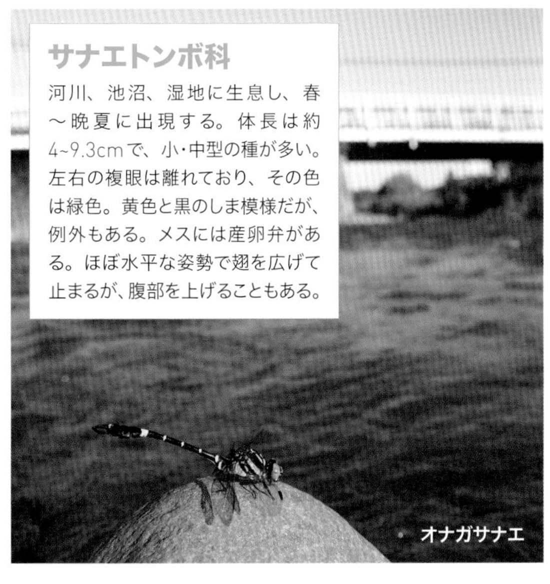

オナガサナエ

サナエトンボ科

河川、池沼、湿地に生息し、春～晩夏に出現する。体長は約4~9.3cmで、小･中型の種が多い。左右の複眼は離れており、その色は緑色。黄色と黒のしま模様だが、例外もある。メスには産卵弁がある。ほぼ水平な姿勢で翅を広げて止まるが、腹部を上げることもある。

ヤブヤンマ

ヤンマ科

河川、池沼、湿地、水田、プールなどに生息し、春～秋に出現する。体長は約5.7~9.5cmで大型種が多い。左右の複眼が長い線で接し、色や模様はさまざま。メスには産卵管がある。ぶら下がり姿勢で、翅を開いて止まる。

ハネビロエゾトンボ

エゾトンボ科

池沼、湿地、小川に生息し、春～秋に出現する。体長は約4~7.5cmで、中型種のトンボである。左右の複眼は短い線で接し、その色は緑色。胸部に金属光沢があるが、例外もある。模様の少ない種が多い。メスには産卵弁がある。斜めにぶら下がり、翅を広げて止まる。

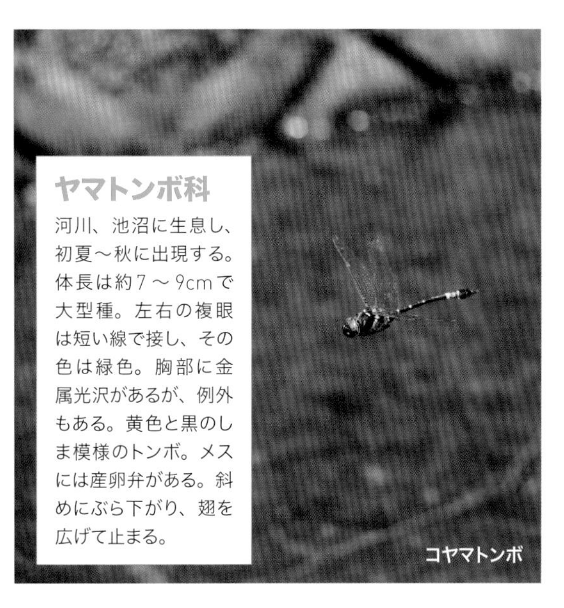

コヤマトンボ

ヤマトンボ科

河川、池沼に生息し、初夏～秋に出現する。体長は約7～9cmで大型種。左右の複眼は短い線で接し、その色は緑色。胸部に金属光沢があるが、例外もある。黄色と黒のしま模様のトンボ。メスには産卵弁がある。斜めにぶら下がり、翅を広げて止まる。

ムカシトンボ、ムカシヤンマの仲間

ムカシトンボは春に渓流で見られるトンボで、均翅亜目と不均翅亜目の中間的な特徴をもち、ムカシトンボ亜目として扱う。翅は均翅亜目のように前後がほぼ同じ形で、体つきや模様は不均翅亜目に近い。ムカシヤンマは不均翅亜目で後翅が広く、複眼が黒褐色なのが特徴。

ムカシトンボ

Epiophlebia superstes

川の源流部にすみ、敏捷に飛ぶ。春に出現する。

時春　場源流

分北海道・本州・四国・九州

♂48-56mm　♀45-53mm

ムカシヤンマ

Tanypteryx pryeri

水の浸み出す崖や苔むした湿地にすむ。初夏のころ活動する。

時春～初夏　場湿地

分本州・九州

♂ 64-78mm　♀ 63-80mm

オニヤンマの仲間

黒と黄色のしま模様を持つ、日本最大のトンボ。大きな個体は11cmを超える。夏になると日陰の小川や道路上を飛んでいる姿を見る。体が大きいだけあって、ヒグラシなどのセミを食べている姿を見かけることもある。

オニヤンマ

Anotogaster sieboldii

木陰の多い川の上流域、小川や湿地にすむ。

時 初夏〜秋

場 上流・細流（小川）

分 北海道・本州・四国・九州・沖縄

♂ 80-103mm　♀ 91-114mm

ミナミヤンマの仲間

カラスヤンマは四国・九州から沖縄に分布する南方系のトンボで、メスの翅には地域変異がある。群れて滑空するように飛ぶ格好よさもあって、トンボマニアに人気の種。

カラスヤンマ

Chlorogomphus brunneus

四国、九州から沖縄島までの南西諸島で、川の源流〜上流域にすむ。

時 初夏〜夏　場 源流　分 四国・九州・沖縄

♂ 70-83mm　♀ 72-88mm

カラスヤンマ翅色の変異

メスの翅の褐色部は地域によって変異があり、北のものほど薄く、南のものほど濃く広くなる。

緑色のヤンマの仲間

大型のトンボであるヤンマの中には、ギンヤンマのように体の大部分が緑色をした種類がいくつかある。一見すると互いに似ているが、斑紋や複眼の色、体型などはそれぞれ異なる。好む環境や産卵の仕方などにも特徴があり、ポイントを押さえると野外でも見分けられるようになる。

ギンヤンマ

Anax parthenope

明るく開放的な池を好む。
連結産卵することが多い。
時 春　場 日向の池・プール
分 北海道・本州・四国・九州・沖縄
♂ 67-83mm　♀ 65-84mm

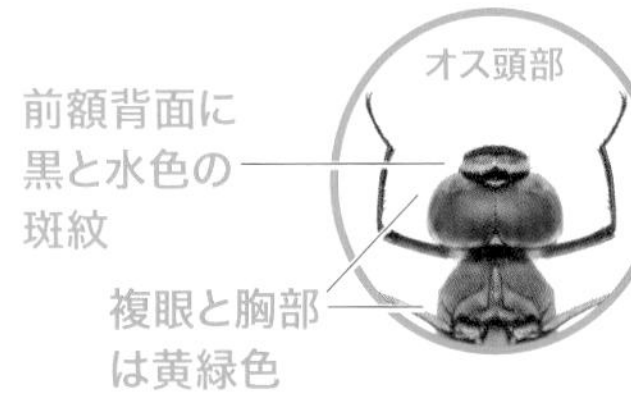

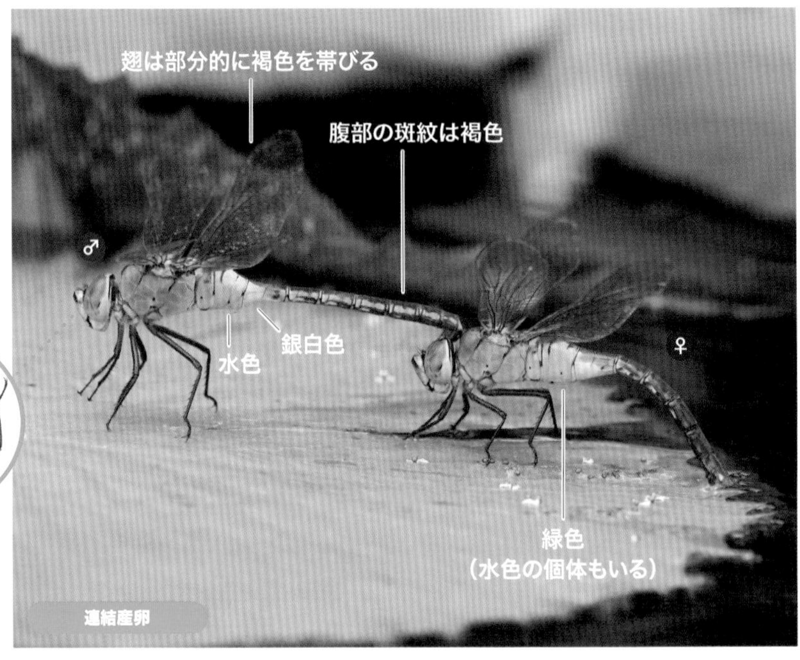

クロスジギンヤンマ

Anax nigrofasciatus

植物や木陰の多い、小さな池を好む。
時 春〜夏　場 日陰の池　分 北海道・本州・四国・九州〜奄美
♂ 68-87mm　♀ 64-81mm

オオギンヤンマ

Anax guttatus

多くの地域では迷入種。
広く大きな水辺を好む。
時 夏〜秋　場 日向の池
分 北海道・本州・四国・九州・沖縄
♂ 79-90mm　♀ 75-85mm

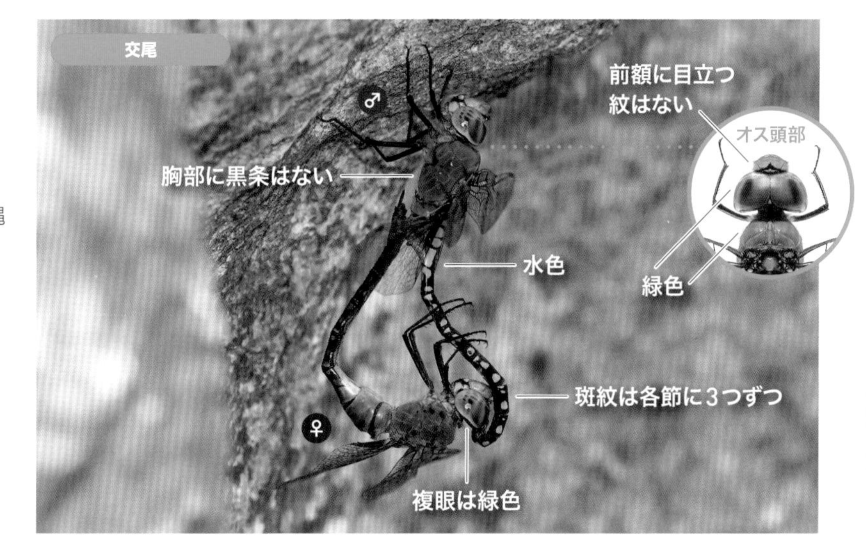

カトリヤンマ

Gynacantha japonica

水田や浅い湿地にすむが、日中は林の中に止まっていることが多い。
秋によく見られる。
時 初夏〜秋　場 湿地・水田　分 本州・四国・九州・沖縄
♂ 66-76mm　♀ 67-77mm

アオヤンマ

Brachytron longistigma

ヨシやガマの繁茂した池にすむ。複眼に美しい模様がある。
時 初夏〜夏　場 日向の池　分 北海道・本州・四国・九州
♂ 66-79mm　♀ 66-77mm

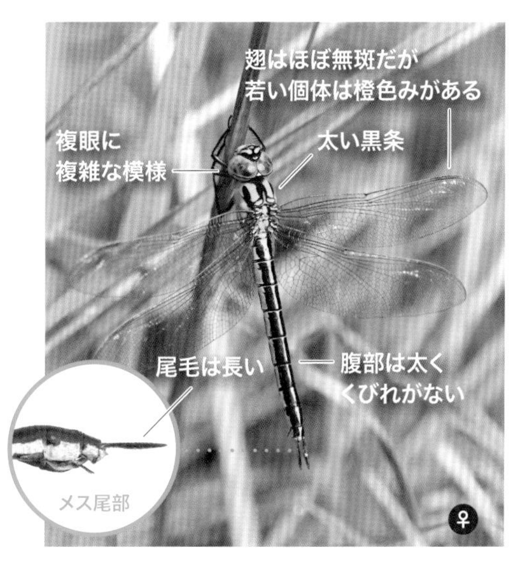

青や水色の斑紋があるヤンマの仲間

ヤンマの中には美しい青や水色の斑紋を持つ種類がいて、中でもマダラヤンマやマルタンヤンマは特にトンボファンに人気がある。似た種もいるが、色や模様、生息環境や活動時期のピークに差があり、飛び方にも種ごとの個性がある。総合的に見くらべて判断したい。

ルリボシヤンマ

Aeshna juncea

植物の豊富な湿地にすむ。寒冷地を好み、西日本では分布が限られる。

時夏〜秋　場湿地　分北海道・本州・四国

♂ 75-90mm　♀ 68-86mm

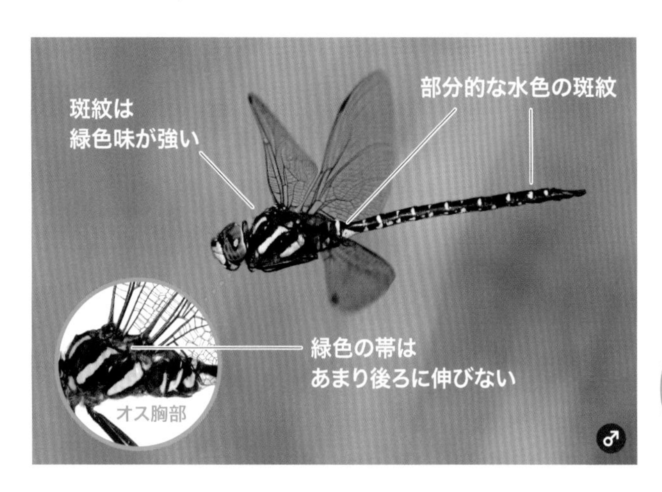

オオルリボシヤンマ

Aeshna crenata

大きくて水深のある池を好む。
寒冷地を中心に、九州まで分布する。近縁種より大型。

時夏〜秋　場日向の池　分北海道・本州・四国・九州

♂ 76-94mm　♀ 76-93mm

マダラヤンマ

Aeshna mixta

ガマ類の繁茂する池を好む。東〜北日本に分布。

時夏〜秋　場日向の池　分北海道・本州（東北〜中部）

♂63-74mm　♀64-71mm

マルタンヤンマ

Anaciaeschna martini

植物の豊富な池や湿地にすむ。朝夕の薄暮時によく活動する。

時初夏〜秋　場日向の池　分本州・四国・九州〜奄美

♂65-81mm　♀72-84mm

黄色と黒のヤンマの仲間

一見するとオニヤンマに似た大型のトンボたち。実際はオニヤンマより小さく、左右の複眼が広く接していることや模様の違い、メスに産卵管があることなどで見分けられる。

サラサヤンマ

Sarasaeschna pryeri

ヤンマとしては小型。木陰や植物の多い浅い湿地にすむ。

時 春〜初夏　場 湿地　分 北海道・本州・四国・九州

♂ 60-68mm　♀ 57-63mm

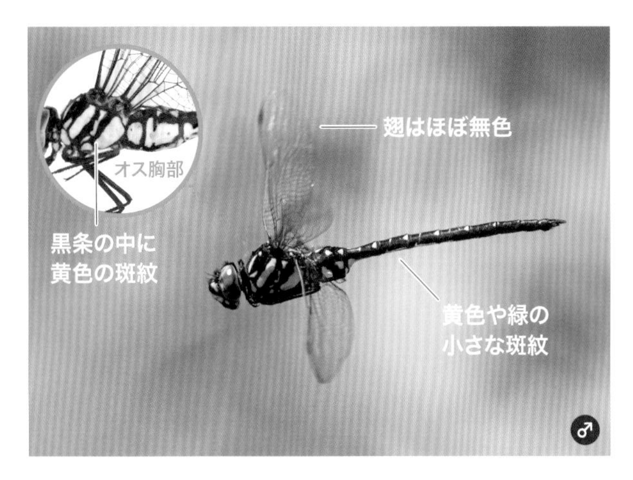

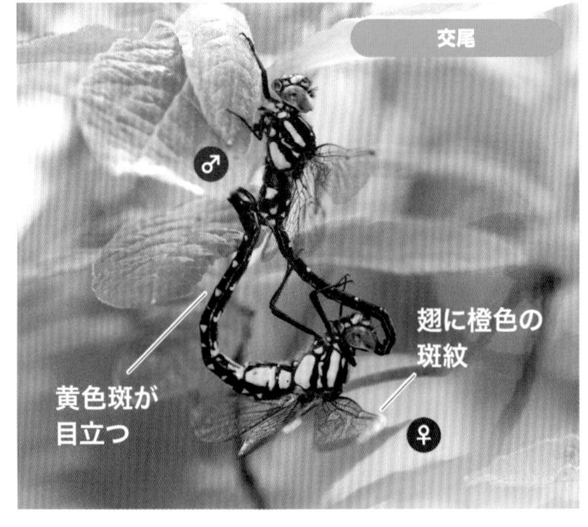

ミルンヤンマ

Aeschnophlebia milnei

薄暗い時間帯によく飛ぶ。川の源流〜上流にすむ。

時 夏〜秋　場 源流　分 北海道・本州・四国・九州〜奄美

♂ 61-78mm　♀ 61-80mm

ネアカヨシヤンマ

Brachytron anisoptera

オスメスともに翅の基部が赤褐色。朝夕によく活動する。

時 初夏〜夏　場 湿地　分 本州・四国・九州

♂ 75-87mm　♀ 75-88mm

ヤブヤンマ

Indaeschna melanictera

木陰の多い池にすみ、薄暗い時間帯によく飛ぶ。

時 初夏〜夏　場 日陰の池　分 本州・四国・九州・沖縄

♂ 80-92mm　♀ 79-93mm

コシボソヤンマ

Boyeria maclachlani

腹部の付け根が強くくびれている。薄暗い時間によく活動する。

時 夏　場 中流　分 北海道・本州・四国・九州

♂ 77-89mm　♀ 80-92mm

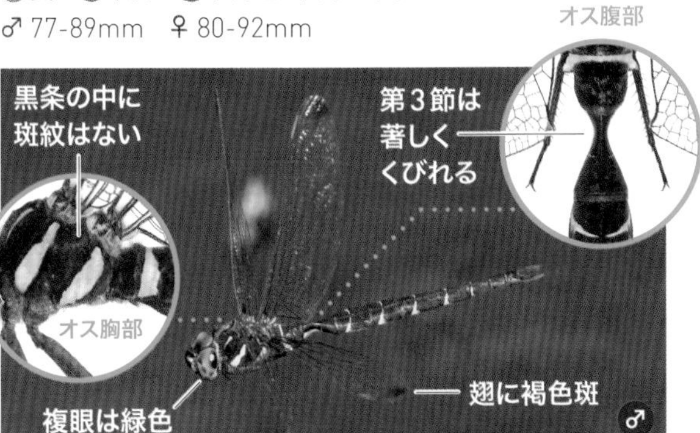

池や湿地のサナエトンボ（小型種）

サナエトンボの仲間には大きく分けて池や湿地にすむ種と、川にすむ種がいる。ここに挙げたのは止水性の小型種で互いによく似ているが、分布する地域や大きさである程度絞り込める。あとは胸部の模様や尾部をよく観察、撮影して区別するポイントを押さえよう。

フタスジサナエ

Trigomphus interruptus

やや小型で、他種より出現期が後になる傾向がある。西日本だけに分布。

時春～初夏　場日向の池　分本州・四国・九州

♂ 45-50mm　♀ 44-49mm

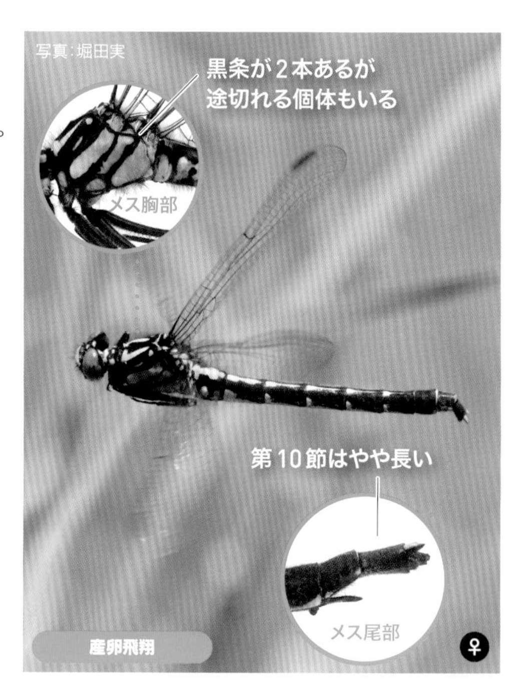

コサナエ

Trigomphus melampus

止水性のサナエトンボではもっとも小型。東・北日本に多く、西日本では分布が限られる。

時春～初夏　場日向の池

分北海道・本州

♂ 40-47mm　♀ 41-47mm

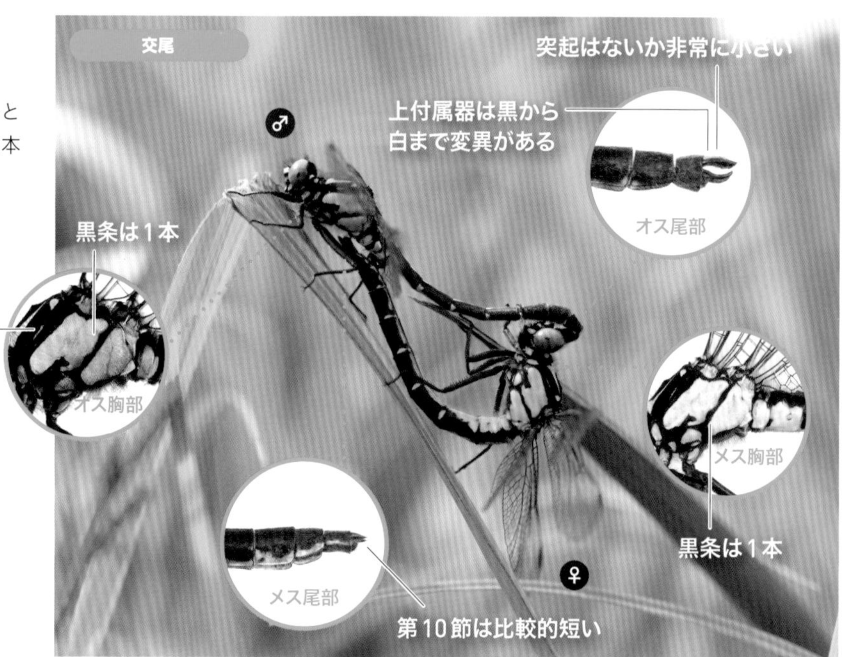

オグマサナエ

Trigomphus ogumai

近縁種にくらべ腹部が長く大型。西日本だけに分布。

時春〜初夏　場日向の池　分本州・九州

♂47-52mm　♀47-52mm

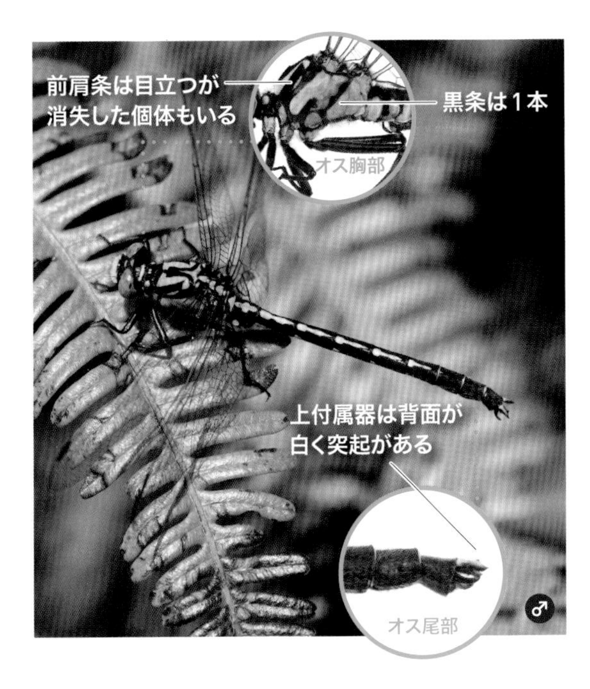

タベサナエ

Trigomphus citimus

他種にくらべ早く出現する傾向がある。西日本だけに分布。

時春〜初夏　場小川・湿地

分本州・四国・九州

♂43-47mm　♀43-47mm

川にすむサナエトンボの仲間（小型種）

サナエトンボ科の小型種のうち、川にすむ（流水性の）種類を紹介した。いずれも黒と黄色の反復模様でよく似ているが、活動する時期や環境である程度区別できる。迷ったときは胸部、腹部の模様と尾部（腹端部）の形態をよく観察、撮影してくらべてみよう。

ダビドサナエ

Davidius nanus

川の上流～中流域にすみ、明るい環境を好む。

時 春～初夏　場 中流
分 本州・四国・九州
♂ 43-51mm
♀ 40-47mm

クロサナエ

Davidius fujiama

川の源流～上流域にすみ、木陰の多い環境を好む。

時 春～初夏　場 上流
分 本州・四国・九州
♂ 38-51mm　♀ 36-46mm

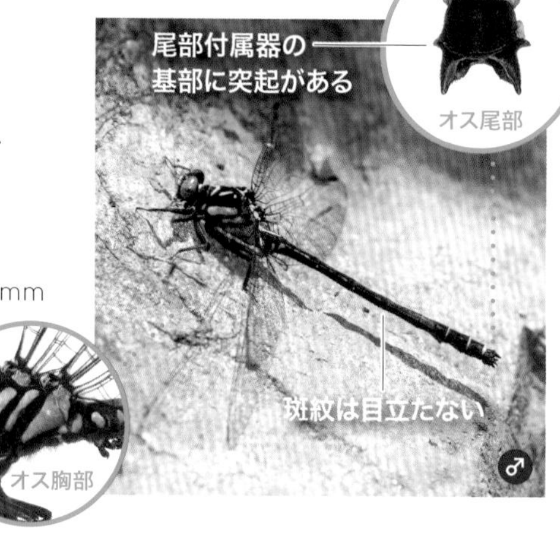

モイワサナエ

Davidius moiwanus

川の源流～上流域、湿地を流れる小川に生息。

時 春～初夏　場 上流
分 北海道・本州
♂ 42-49mm　♀ 36-46mm

ヒメクロサナエ

Lanthus fujiacus

川の源流域にすむ。ダビドサナエ属に似るが、オスの尾部付属器や胸部側面の模様で見分けられる。

時 春〜初夏　場 源流　分 本州・四国・九州

♂ 38-46mm　♀ 41-46mm

ヒメサナエ

Sinogomphus flavolimbatus

川の上流域に生息。
幼虫が流下するので羽化は中流域でも見られる。

時 初夏〜夏　場 上流　分 本州・四国・九州

♂ 41-47mm　♀ 41-47mm

オジロサナエ

Stylogomphus suzukii

川の上流域に生息。
幼虫が流下するので羽化は中流域まで見られる。

時 初夏〜夏　場 上流

分 本州・四国・九州

♂ 41-47mm　♀ 41-45mm

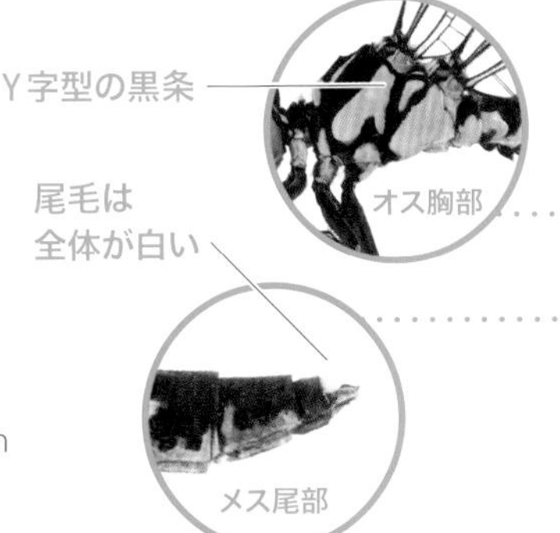

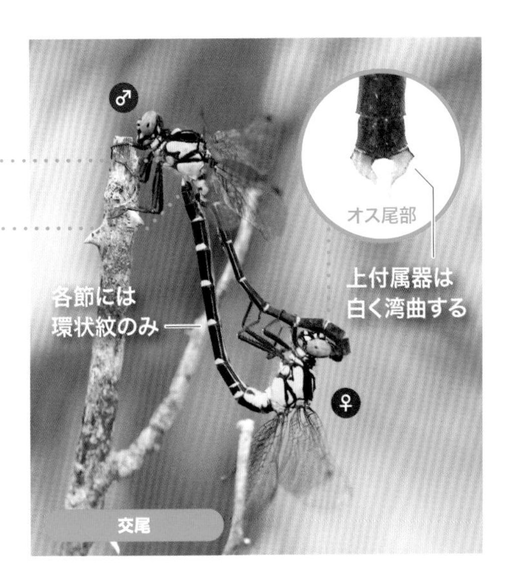

川や大きな湖にすむサナエトンボの仲間（中型種）

黒地に黄色の斑紋をもつサナエトンボの仲間のうち、ここでは川や湖で見られる中型種を紹介した。どの種もよく似ているが、ホンサナエは体が太く、春に出現するので間違えることはないだろう。残りの種は分布や体の斑紋から総合的に判断しよう。

ホンサナエ

Shaogomphus postocularis

がっしりとした体型のサナエトンボ。
川の中流域に生息し、岸辺の石や地面に止まっていることが多い。

時 春　場 中流　分 北海道・本州・四国・九州

♂ 49-53mm　♀ 49-55mm

ミヤマサナエ

Anisogomphus maacki

移動性があり、若い成虫は高原や山地の稜線で見られることも多い。

時 初夏〜秋　場 中流　分 本州・四国・九州

♂ 50-59mm　♀ 52-59mm

付属器は短い

オス尾部

第8節に大きな黄色斑

第7~9節は広がる

黒条は2本

後脚の腿節が特に長く、トゲが並ぶ

♂

メガネサナエ

Stylurus oculatus

琵琶湖、諏訪湖とその周辺の河川、愛知県の一部に分布。

時 夏〜秋　場 下流・湖　分 本州

♂ 61-69mm　♀ 61-69mm

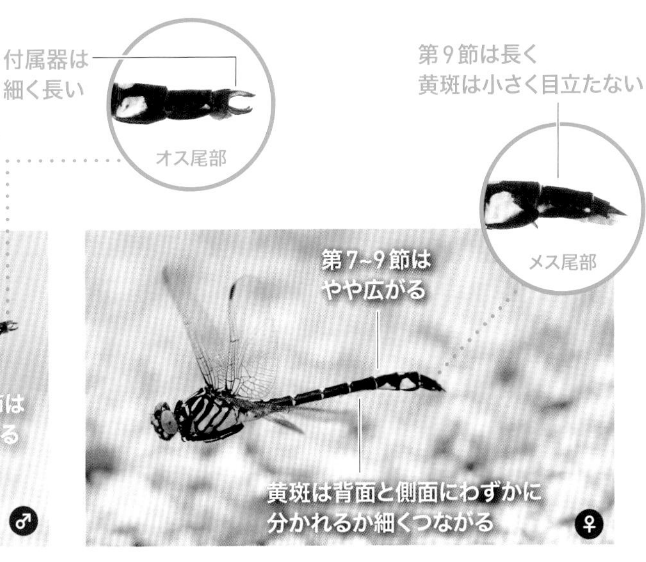

オオサカサナエ

Stylurus annulatus

琵琶湖と東海地方の一部河川に分布。

時 夏〜秋　場 下流・湖　分 本州

♂ 58-61mm　♀ 59-61mm

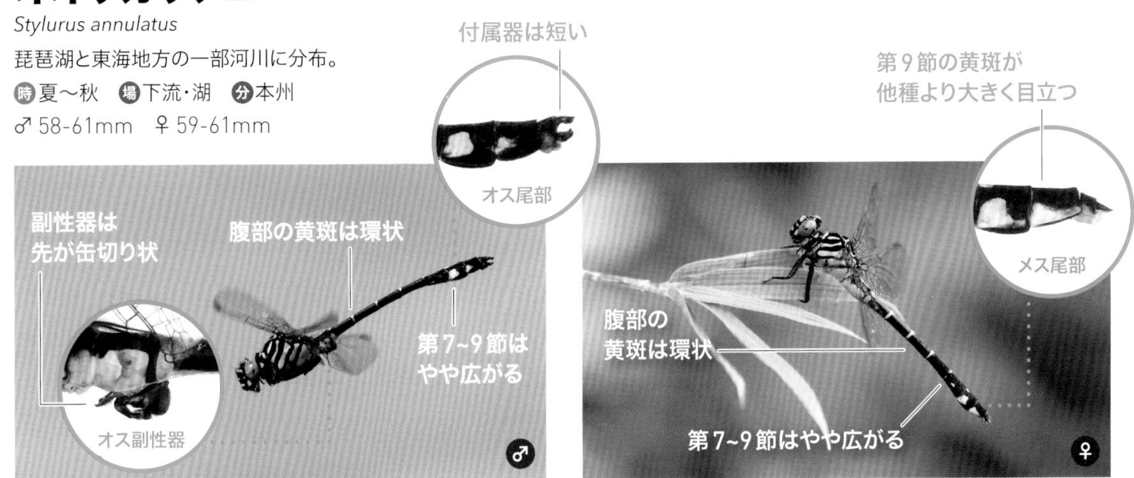

ナゴヤサナエ

Stylurus nagoyanus

川の中流〜下流に生息。オオサカサナエによく似る。

時 夏〜秋　場 下流　分 北海道・本州・四国・九州

♂ 59-65mm　♀ 59-65mm

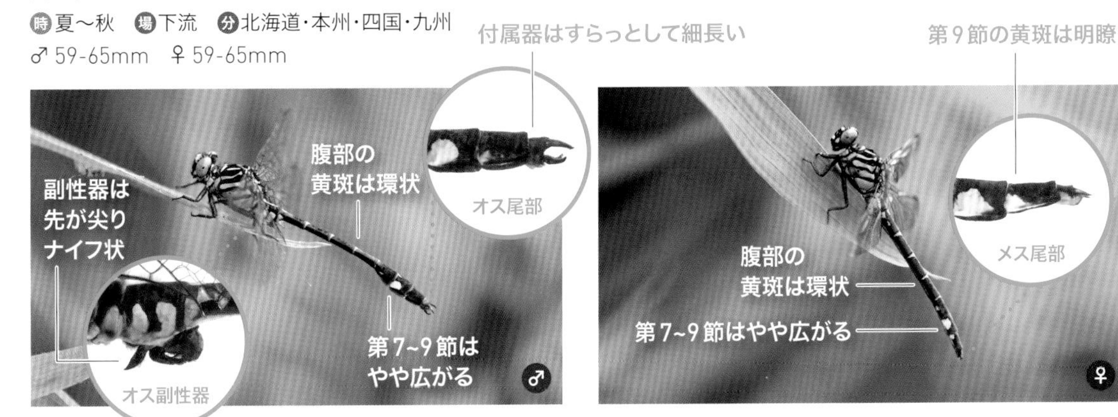

川や大きな湖にすむ サナエトンボの仲間（中〜大型種）

ここで紹介するのは川や大きな湖で見られるサナエトンボの中〜大型種。オナガサナエやアオサナエは個性的な尾部付属器や体色で、コオニヤンマはその大きさで見分けられる。キイロサナエとヤマサナエは非常によく似ているが、斑紋や尾部付属器、産卵弁を慎重に比較しよう。

キイロサナエ

Asiagomphus pryeri

砂泥底の小川や水路、川の中流域にすむが少ない。ヤマサナエによく似るが尾部付属器や斑紋で見分ける。

時 初夏　場 中流　分 本州・四国・九州

♂ 60-69mm　♀ 60-69mm

上付属器は先端が斜めに断ち切れ、下付属器より短い

オス頭部

翅胸前面の黄斑はL字型になる

オス尾部

斑紋は小さい

第7~9節は少し広がり、腹面は黒色

♂

ヤマサナエ

Asiagomphus melaenops

流水性のサナエトンボでは最も普通に見られる種のひとつ。川の中流域や小川、水路にすむ。

時 春〜初夏　場 中流　分 本州・四国・九州

♂ 62-72mm　♀ 64-73mm

上付属器は先が尖り、下付属器とほぼ同じ長さ

オナガサナエ

Melligomphus viridicostus

オスは長大な尾部付属器が目立つ。流れの速い瀬の近くで石の上に止まっていることが多い。

時 初夏〜秋　場 上流・中流　分 本州・四国・九州

♂ 58-66mm　♀ 55-62mm

アオサナエ

Nihonogomphus viridis

サナエトンボ科では唯一緑色の種。流れの緩やかなところで草や石の上、地面に止まっていることが多い。

時 春　場 上流・中流　分 本州・四国・九州

♂ 58-63mm　♀ 57-65mm

コオニヤンマ

Sieboldius albardae

他種にくらべ明らかに大きい。オスは岸辺の植物や石に止まって縄張り占有する。

時 初夏〜夏　場 中流　分 北海道・本州・四国・九州

♂ 81-93mm　♀ 75-90mm

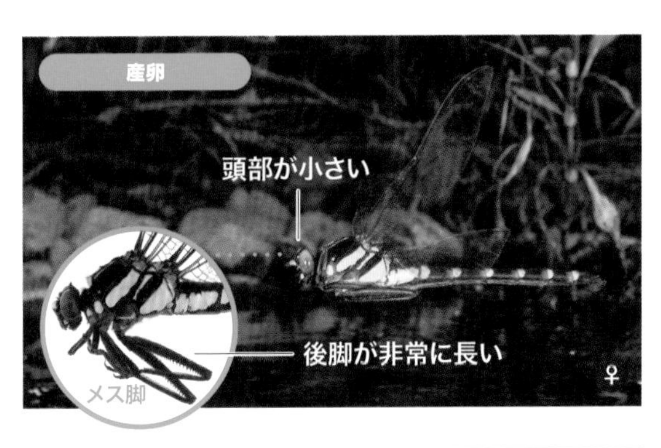

ウチワヤンマの仲間

夏の池や湖では、腹部の先にうちわ状の突起をもつ大型のトンボを見かけることがある。これらはウチワヤンマと呼ばれるトンボの仲間で、名前にヤンマとついているが、左右の複眼が離れていることや水平に近い姿勢で止まることから、サナエトンボの仲間だとわかる。

ウチワヤンマ

Sinictinogomphus clavatus

岸近くの杭や植物の枝先に止まっていることが多い。

時 初夏〜夏　場 日向の池　分 本州・四国・九州

♂77-87mm　♀70-84mm

タイワンウチワヤンマ

Ictinogomphus pertinax

植物の多い池で見られる。ウチワヤンマに似るがやや小型。

時 初夏〜夏　場 日向の池　分 本州・四国・九州・沖縄

♂70-81mm　♀71-77mm

column

トンボを撮影してみよう② 実践編

トンボは空を飛ぶことに特化した昆虫で、洗練されたその姿形はもちろんのこと、宝石のように輝く複眼や透き通った繊細な翅、色とりどりの斑紋など、写真撮影の被写体としてもたいへんフォトジェニック。ここではトンボをうまく撮影するためのコツを紹介します。

❶止まっているトンボを撮る

どんな生き物（動物）でもそうですが、目にピントを合わせると他の部分がぼやけていても生き生きとして見えます。トンボの場合もそうで、複眼（頭部）にさえピントが合っていれば、他の部分がボケていてもいいのです。最近のカメラは画面の中のどこでもオートフォーカスでピントを合わせることができるので、止まっているトンボに近づくことができたら、まず頭部にしっかりとピントを合わせ、シャッターを切りましょう。一枚撮って余裕ができたら、背景の明るさやトンボの角度、画面の中でのバランス（構図）を考え、納得できるまで撮影します。なお、レンズ交換式のカメラでマクロレンズや望遠レンズを使うと、トンボを大写ししたポートレート的な写真が撮りやすく、広角レンズを使うと遠近感を強調したり、トンボの背景に環境まで取り入れた写真を撮ることができます。なお、トンボの全身にピントを合わせたい時は、トンボの頭と腹部の先端を結ぶ線を想定し、それと平行にカメラを構えてから頭部にピントを合わせます。この状態で上からと横からの2方向で撮影しておくと、後で種類を調べるときに必要な部位がほとんど写り込むので、目的によってはこうした撮り方もしてみてください。

マクロレンズで撮影したマルタンヤンマ。トンボをクローズアップしてポートレート的に撮ることができる

広角レンズで撮影したムカシトンボの羽化。背景に生息環境を写し込むことができる

オススメの設定（レンズ交換式カメラの場合）
絞り優先（A）モード、ISO感度はオート、ないし100~1600。オートフォーカス（AF）はS-AFモードで1点を選択。絞りはF2.8~8程度から選択。絞りは数値が低いほどピント以外の部分がボケやすく、かつ速いシャッタースピードでブレを抑えて撮ることができます。

❷飛んでいるトンボを撮る

トンボ撮影の醍醐味は、なんといっても飛翔シーンの撮影でしょう。たとえばサナエトンボ科やトンボ科のオスの多くは、棒の先や石の上などに止まって一定範囲を縄張りとして見張っています。このため、飛び立ってもすぐ元の場所に戻ってくることが多いのです。その習性を利用して、止まっているトンボや止まり木にピントを合わせて固定し、飛び立って戻ってきたら着地する寸前を狙ってシャッターを切ります。これが一番簡単な飛翔写真の撮り方で、連写できるカメラならいっそうチャンスは広がるでしょう。シャッタースピードを調整できるカメラなら、1/2000秒以上に設定しておくのがコツです。もうひとつはホバリング（停止飛翔）を狙うことです。産卵中のメスやそれを警護するオスのトンボは、空中の一点にピタっと止まったような飛び方、ホバリングをすることがよくあります。またサラサヤンマやルリボシヤンマなど、オスがなわばり行動の中でよくホバリングをする種類がいます。ホバリング中は基本的に止まっているのと同様にピントを合わせることができるので、落ち着いて撮影するのがポイント。この場合もシャッタースピードは早めにし、1/500秒以上にしておくとよいでしょう。ストロボを使うのも効果的です。

縄張りの枝に戻ってくるネキトンボを狙った

ホバリング中のルリボシヤンマを撮影した写真

オススメの設定（レンズ交換式カメラの場合）
シャッター速度優先（S）モード、またはマニュアル（M）モード。ISO感度はオート、ないし800~6400。オートフォーカス(AF)はC-AFモードで1点ないしエリアAFを選択。マニュアルフォーカスも多用する。連写を併用するとよい。シャッター速度は1/250~1/8000秒の間で選択。翅のブレ感を適度に残すと動感のあるよい写真になります。

金属光沢があるエゾトンボの仲間

頑丈な体格で、体（特に胸部）に金属光沢をもつ種類が多い。飛翔力が高く、飛んでいることがほとんど。互いにとても似ていて区別が難しいが、斑紋や付属器などの特徴に加え、生息環境なども考慮して総合的に判断したい。

エゾトンボ

Somatochlora viridiaenea

植物の繁茂した浅い湿地にすむ。

時 初夏〜秋　場 湿地　分 北海道・本州・四国・九州

♂ 53-66mm　♀ 59-74mm

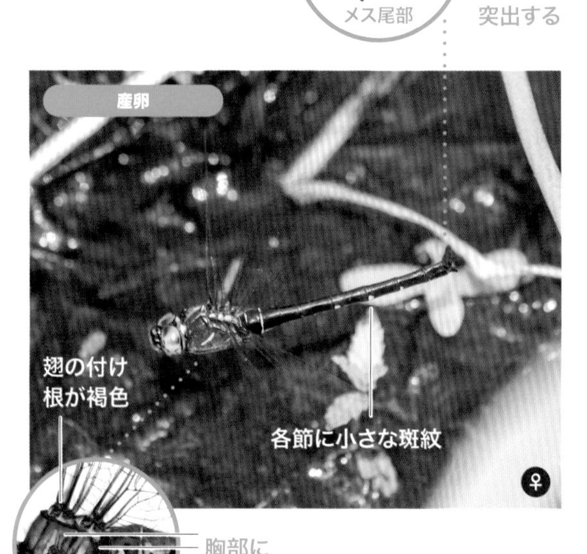

ハネビロエゾトンボ

Somatochlora clavata

木陰の多い小川や湿地を流れる細流に生息する。

時 夏〜秋　場 細流（小川）　分 北海道・本州・四国・九州

♂ 58-64mm　♀ 61-66mm

タカネトンボ
Somatochlora uchidai

木陰の多い池や水たまりにすむ。

㊐初夏〜秋　㊏日陰の影　㊎北海道・本州・四国・九州

♂ 53-65mm　♀ 53-65mm

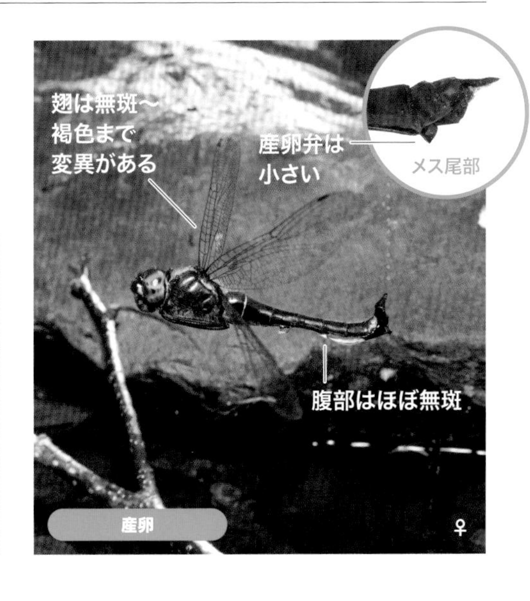

ホソミモリトンボ
Somatochlora arctica

寒冷地の植物が繁茂した浅い湿地にすむ。

㊐夏　㊏湿地　㊎北海道・本州(中部山岳)

♂ 48-54mm　♀ 51-58mm

上付属器は
上から見るとクギ抜き状

オス尾部
(横)

オス尾部
(背面)

胸部に斑紋はない

ほとんどふくらみがない

♂

カラカネトンボ
Cordulia aenea

寒冷地の水生植物が豊富な池にすむ。

㊐初夏〜夏　㊏日向の池　㊎北海道・本州(東北〜北陸)

♂ 44-54mm　♀ 42-50mm

上付属器は太く、
下付属器に突起がある

金属光沢のないエゾトンボの仲間

エゾトンボ科の中で金属光沢をもたない2種類。一見するとトンボ科のようだが、ほとんど止まらずに池の上を飛び続けることが目安になる。メスは産卵時に大きな卵塊を作ってから打水して放卵し、その卵塊は水を吸ってカエルの卵のようなひも状になるのが大きな特徴。

トラフトンボ

Epitheca marginata

水生植物が豊富な池に生息する。
時 春〜初夏　場 日向の池　分 本州・四国・九州
♂ 50-56mm　♀ 50-58mm

オオトラフトンボ

Epitheca bimaculata

寒冷地の水生植物が豊富な池に生息。トラフトンボよりやや大型。
時 初夏〜夏　場 日向の池　分 北海道・本州（東北〜信越）
♂ 55-63mm　♀ 55-63mm

写真：喜多英人

column

トンボの体色変化と色彩多型

トンボ類のほとんどは、羽化後しばらくのあいだは体が柔らかく、精巣や卵巣も成熟していないので繁殖に参加することができません。しかし数日〜数ヶ月の間、十分摂食することで性成熟が進んで交尾や産卵ができるようになります。この繁殖できない期間を未成熟期や前生殖期と呼びますが、この間に体色の変化する種類が多く見られます。有名なところではシオカラトンボ（P.106）が挙げられるでしょう。羽化してから数日の間はオス、メスともに褐色で一般に「麦わらトンボ」と呼ばれる姿をしていますが、オスは数日経つと複眼が水色に、そして腹部には白い粉を吹き、よく見るシオカラトンボらしい姿になります。またヤンマ科のマルタンヤンマ（P.69）では、未成熟期には黄色い斑紋が成熟すると青くなり、アキアカネなどアカトンボの仲間（P.92）では、未成熟期には黄色っぽい体色が、成熟すると赤く変化する種が多く見られます。

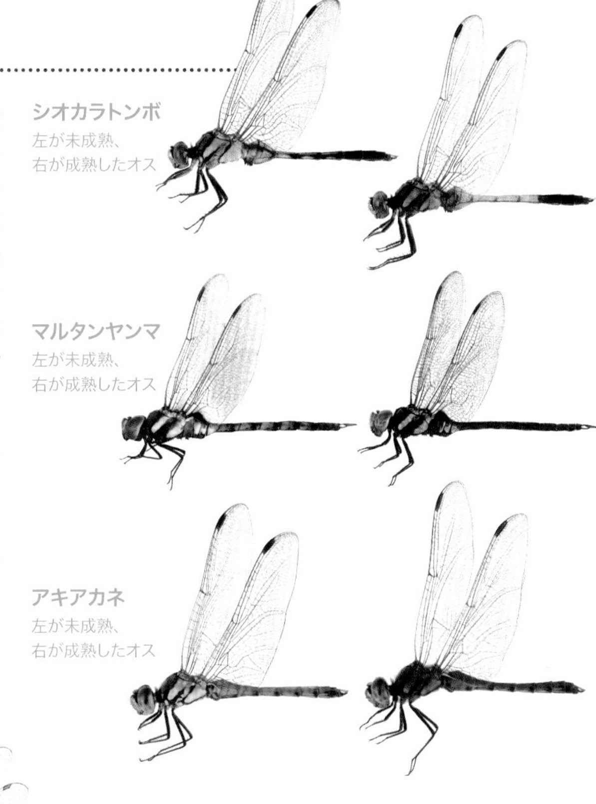
シオカラトンボ
左が未成熟、
右が成熟したオス

マルタンヤンマ
左が未成熟、
右が成熟したオス

アキアカネ
左が未成熟、
右が成熟したオス

モートンイトトンボ　左が未成熟、右が成熟したメス

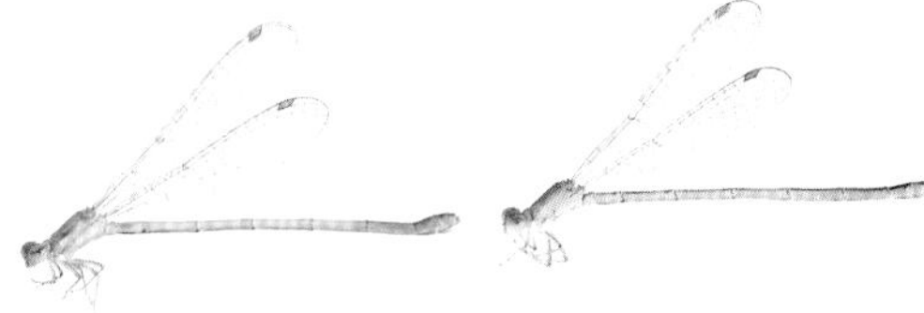

コフキヒメイトトンボ　左が未成熟、右が成熟したメス

この体色の変化はそのほとんどがオスに限られていて、その結果としてオスとメスの体色が大きく異なる種類が多いです。メスは成熟しても多少色が濃くなる程度で大きな変化のない種類が大半ですが、中にはモートンイトトンボ（P.52）やコフキヒメイトトンボ（P.53）のように、ほぼメスだけに大きな体色の変化が起こる種類もあります。

またこれとは別に同じ種類、同じ性別でも体色が異なる個体が一定の割合で出現するものがあり、これを色彩多型といいます。たとえばアサヒナカワトンボ（P.54）では、オスの翅に橙色の個体と無色の個体がいます。またアオモンイトトンボ（P.48）では、通常のメスはオスと全く違う色や模様をしていますが、オスと同じ体色をした個体も現れます。またルリボシヤンマの仲間やアカトンボの仲間でも、通常はオスとメスの体色が異なりますが、しばしばオスに似た個体が現れます。この場合、オスと異なる体色のメスを「異色型のメス」、オスと同じ体色のメスを「同色型のメス」「オス型のメス」として区別することがあります。

アサヒナカワトンボ　左が橙色型、右が無色型のオス

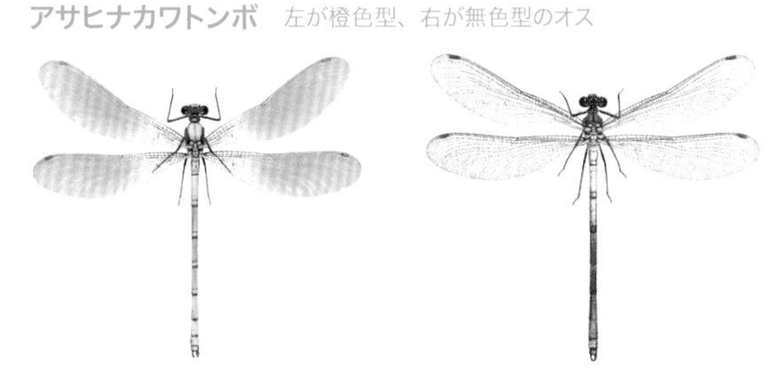

アオモンイトトンボ　左が異色型、右が同色型のメス

ヤマトンボの仲間

黄色と黒のしま模様をもつ大型のトンボ類で、オニヤンマに似ているが頭部（複眼）が大きく、胸部には金属光沢がある。慣れてくると体型（シルエット）や飛び方でも区別できるようになるだろう。

オオヤマトンボ

Epophthalmia elegans

大きめの池や湖にすむ。池の岸に沿って長時間飛び続ける。

時 初夏〜秋　場 日向の池　分 北海道・本州・四国・九州・沖縄

♂ 78-88mm　♀ 79-92mm

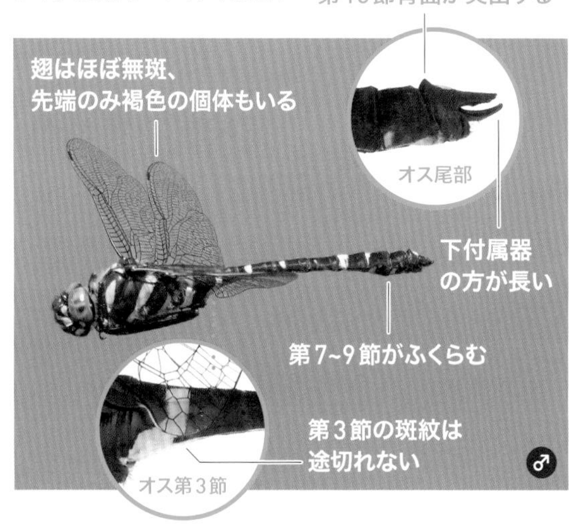

オオヤマトンボとコヤマトンボ属の顔面の違い

オオヤマトンボとコヤマトンボ属はとてもよく似ているが、正面から見ると顔の模様の違いで区別することができる。黄色いすじが2本あればオオヤマトンボ、1本ならコヤマトンボ属だ。

オオヤマトンボ

顔面の
黄色条が2本

コヤマトンボ

コヤマトンボ

Macromia amphigena

川の上～中流域にすむ。

時春～夏　場中流　分北海道・本州・四国・九州

♂ 67-80mm　♀ 69-81mm

キイロヤマトンボ

Macromia daimoji

砂地の川の中流域にすむ。

時初夏～夏　場中流　分本州・四国・九州

♂ 75-80mm　♀ 75-83mm

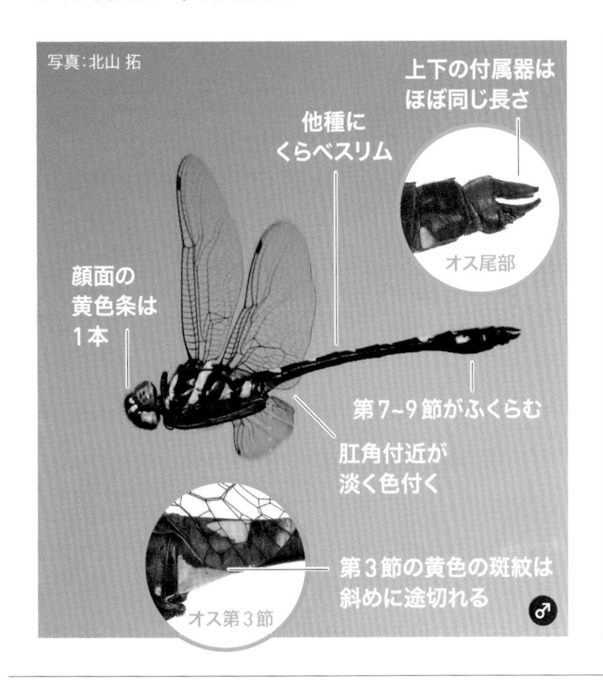

column

オニヤンマと間違えられやすいトンボ

オニヤンマといえば、トンボをあまり知らない人でも「日本で一番大きいトンボ」のことだとわかるのではないだろうか。しかし実際のところ、本当の「オニヤンマ」を判別できる人はあまりいないかもしれない。というのも、日本にはオニヤンマと同じ黒と黄色のしま模様をもつ大型のトンボが何種類もいるからだ。ここでは実際にそんなトンボを見た時に迷わないためのポイントを紹介したい。

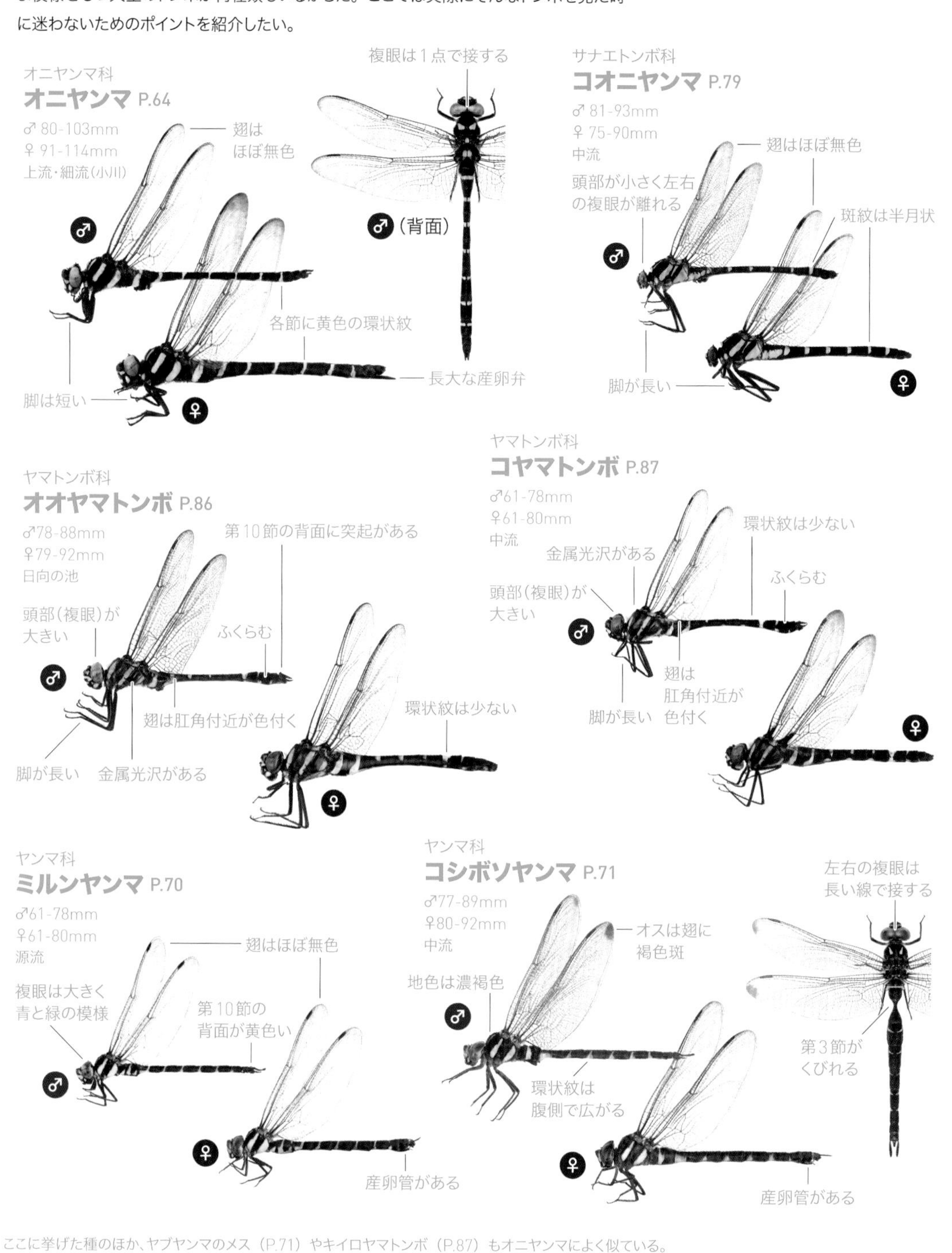

ここに挙げた種のほか、ヤブヤンマのメス(P.71)やキイロヤマトンボ(P.87)もオニヤンマによく似ている。

くらべてわかるトンボ図鑑

不均翅亜目②

不均翅亜目（ふきんしあもく）②で紹介するトンボのグループ

この章では、不均翅亜目のうちトンボ科のみを紹介しています。
トンボ科は日本で最も種数の多いグループで、シオカラトンボやアキアカネなど、
身近なトンボもこのグループに属しています。本図鑑でも一番掲載種数が多いです。

アキアカネ

トンボ科

池沼、湿地、水田、プール、河川に生息。止水環境に多い。春〜初冬に出現する。体長は約2~6cmで、小・中型種が多い。左右の複眼は短い線で接する。色や模様はさまざまで、赤や黄色、水色など鮮やかな色のものが多い。メスには産卵弁がある。水平に近い姿勢で翅を広げて止まり、腹部は上げたり下げたりする。

**赤いトンボはアカトンボと呼ばれるが、
特にアカトンボ属（アカネ属）というグループがあり、
日本には約20種が分布する。**

アカトンボの仲間①

代表的なものに水田で暮らすアキアカネとナツアカネがあるが、名前とは裏腹に見られる季節には違いがない。胸部の模様や産卵の仕方で見分けよう。タイリクアカネはアキアカネに似ているが分布が狭く、海岸近くの池で見られることが多い。

アキアカネ

Sympetrum frequens

水田や公園の池などに多く、分布は広い。

時 初夏〜秋　場 水田・プール　分 北海道・本州・四国・九州

♂ 32-46mm　♀ 33-45mm

ナツアカネ

Sympetrum darwinianum

アキアカネより少し小型。
水田に多く分布は広い。
時 初夏〜秋　場 湿地・水田
分 北海道・本州・四国・九州
（奄美に飛来記録あり）
♂ 33-43mm　♀ 35-42mm

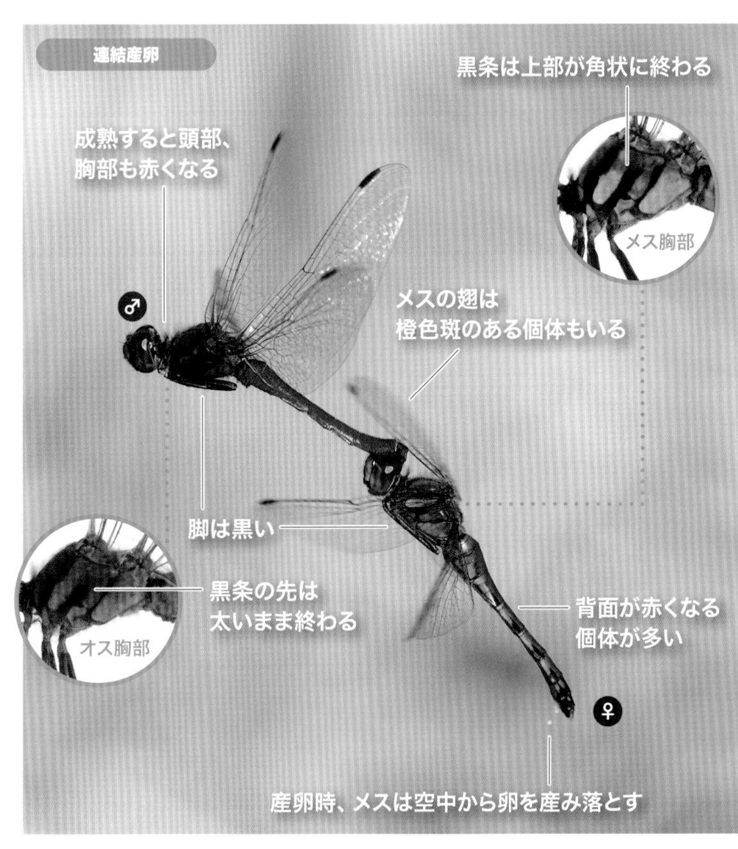

タイリクアカネ

Sympetrum striolatum

アキアカネより少し大型。
沿岸部〜平野部の池に多く、分布は
限られる。
時 初夏〜秋　場 プール・日向の池
分 北海道・本州・四国・九州
♂ 41-49mm　♀ 39-49mm

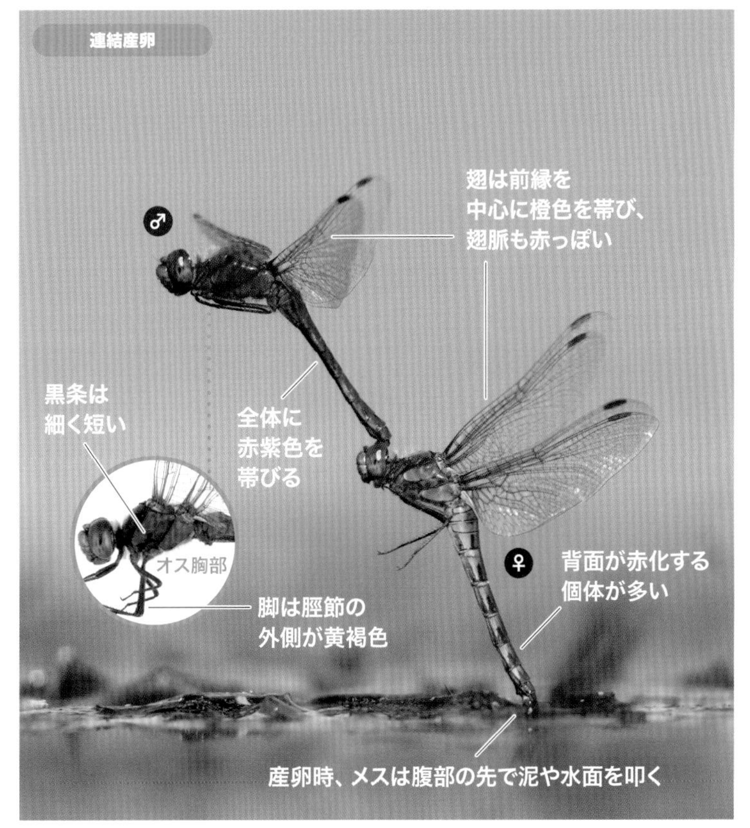

アカトンボの仲間②
小型の赤トンボ

アカトンボ属の中でも小型の種類を紹介。互いに似ているが、顔面や胸部の模様、生息環境などで見分けることができる。特にマユタテアカネとヒメアカネは非常に似ているが、マユタテアカネは顔面に黒い斑紋（眉斑）があり、ヒメアカネは眉斑がないか目立たない。

マユタテアカネ

Sympetrum eroticum

木陰の多い池や湿地にすむ。顔面に一対の眉斑がある。

時 初夏～秋　場 湿地・水田　分 北海道・本州・四国・九州

♂ 31-43mm　♀ 30-42mm

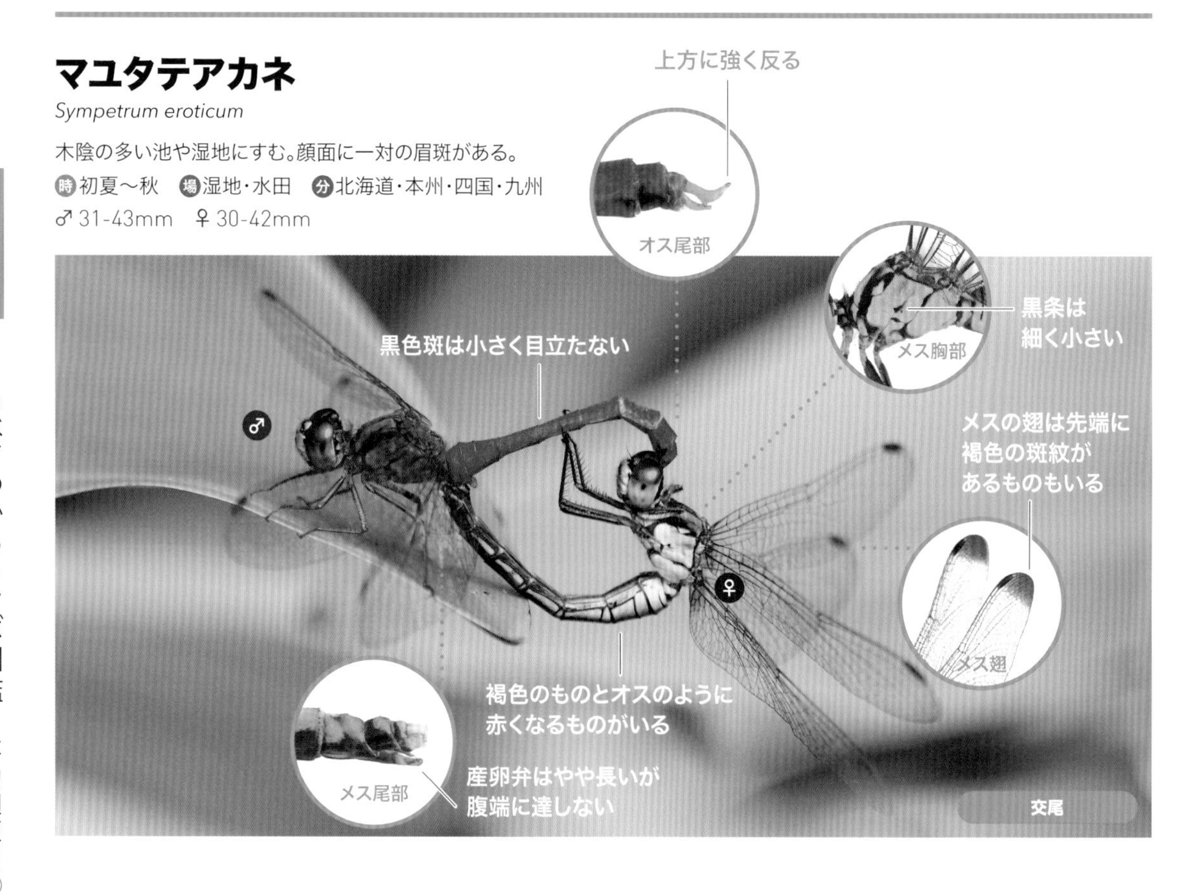

マユタテアカネ・マイコアカネ・ヒメアカネの見分けのポイント

	マユタテアカネ	マイコアカネ	ヒメアカネ
頭部	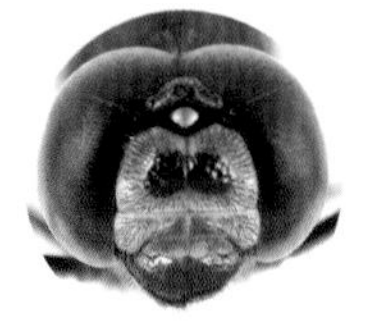 顔面は黄色～黄褐色。黒い眉斑がある	 オスは顔面が青い。眉斑はないか小さい（メスは眉斑がある個体が多い）	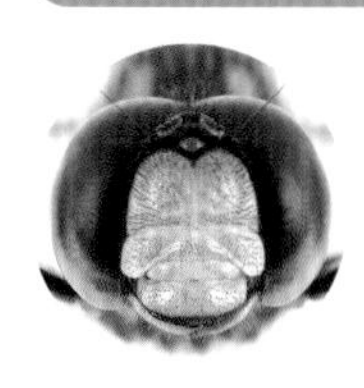 オスは顔面が白っぽい。眉斑はないかごく小さい（メスは眉斑がある個体が多い）
翅胸	 前面の淡色条は分断されず成熟個体ではやや不鮮明になる	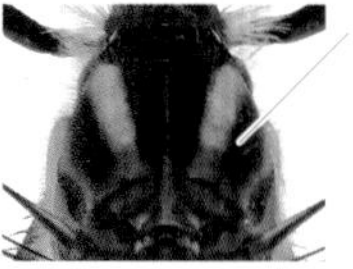 前面の淡色条は分裂されず鮮明	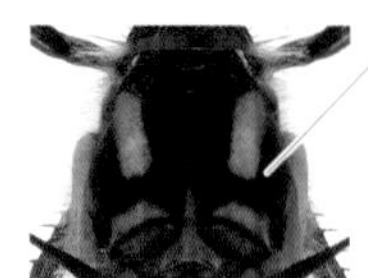 前面の淡色条は黒色部に分断される個体が多い

マイコアカネ

Sympetrum kunckeli

抽水植物の繁茂する池にすむ。和名は青白い顔と赤い体を京の舞妓に見立てて名付けられた。

時 初夏〜秋　場 日向の池　分 北海道・本州・四国・九州

♂ 29-40mm　♀ 29-38mm

ヒメアカネ

Sympetrum parvulum

植物の繁茂した浅い湿地にすむ。
オスの顔面は白い。

時 初夏〜秋　場 湿地

分 北海道・本州・四国・九州

♂ 28-38mm　♀ 29-38mm

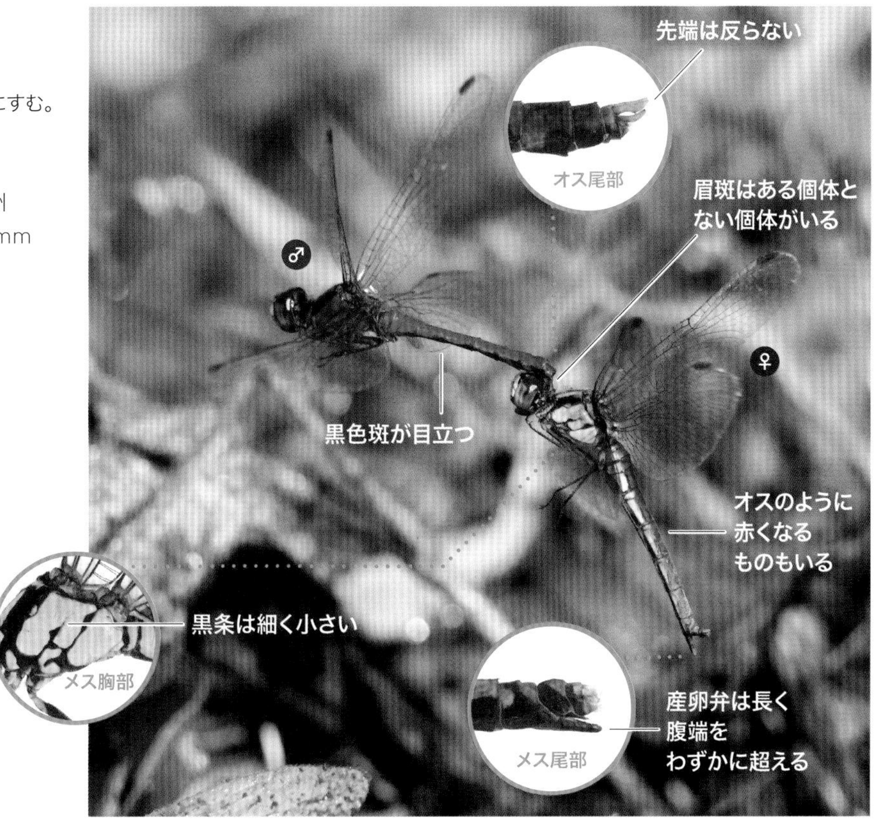

アカトンボの仲間③ 翅の先に模様がある

アカトンボ属には翅の先に目立つ斑紋をもつ種類がいる。ノシメトンボは他種より大きく、あまり赤くない。コノシメトンボとリスアカネは似ているが、胸部の模様、オスが頭まで赤くなるか、生息環境や産卵方式などの違いがある。ミヤマアカネは翅に独特な帯模様がある。

ノシメトンボ

Sympetrum infuscatum

水田や開放的な湿地を好む。
他の種より大型。

時 初夏〜秋　場 湿地・日向の池・水田
分 北海道・本州・四国・九州
♂ 37-51mm　♀ 39-52mm

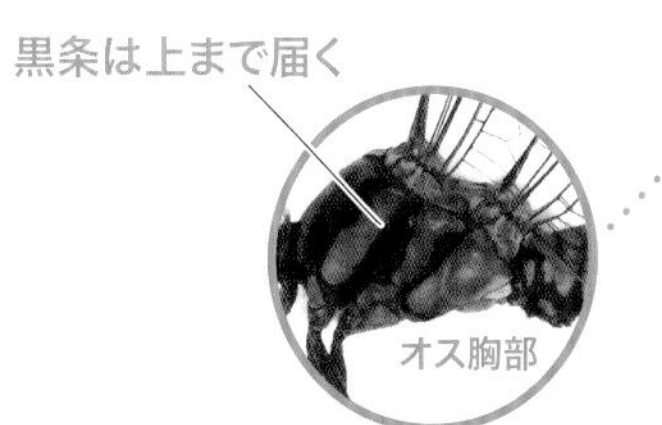

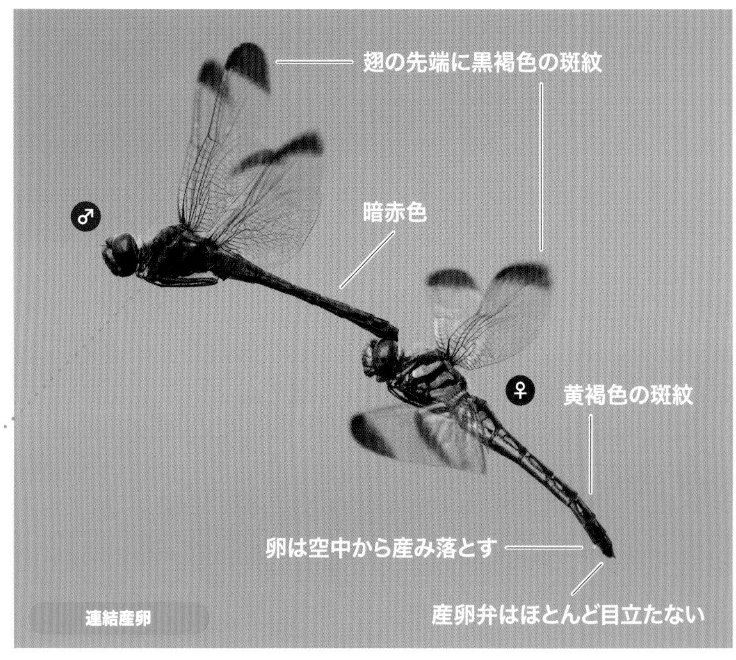

コノシメトンボ

Sympetrum baccha

日当たりの良い開放的な池を好む。

時 初夏〜秋　場 日向の池・プール
分 北海道・本州・四国・九州
♂ 38-48mm　♀ 36-46mm

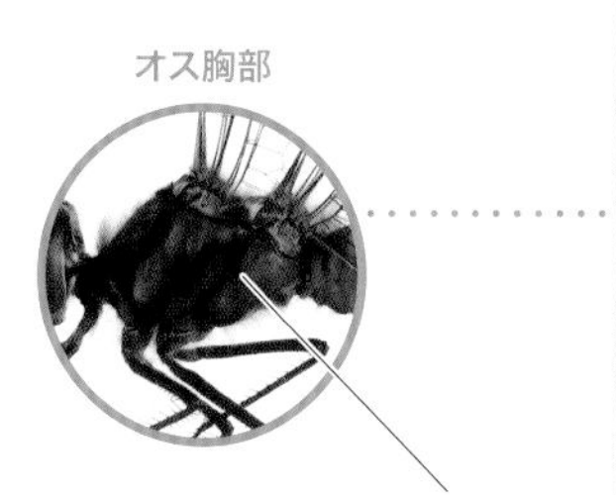

リスアカネ

Sympetrum risi

日陰の多い池や湿地を好む。
コノシメトンボに似るが
胸部の斑紋が異なる。
北海道のものはヒメリスアカネ(P.115)
と呼ばれる。

時 初夏〜秋　場 日陰の池
分 北海道・本州・四国・九州
♂ 34-46mm　♀ 31-42mm

ミヤマアカネ

Sympetrum pedemontanum

小川や山あいの水田に生息する。
翅に特徴的な帯模様がある。

時 初夏〜秋　場 細流(小川)・水田
分 北海道・本州・四国・九州
♂ 30-41mm　♀ 30-40mm

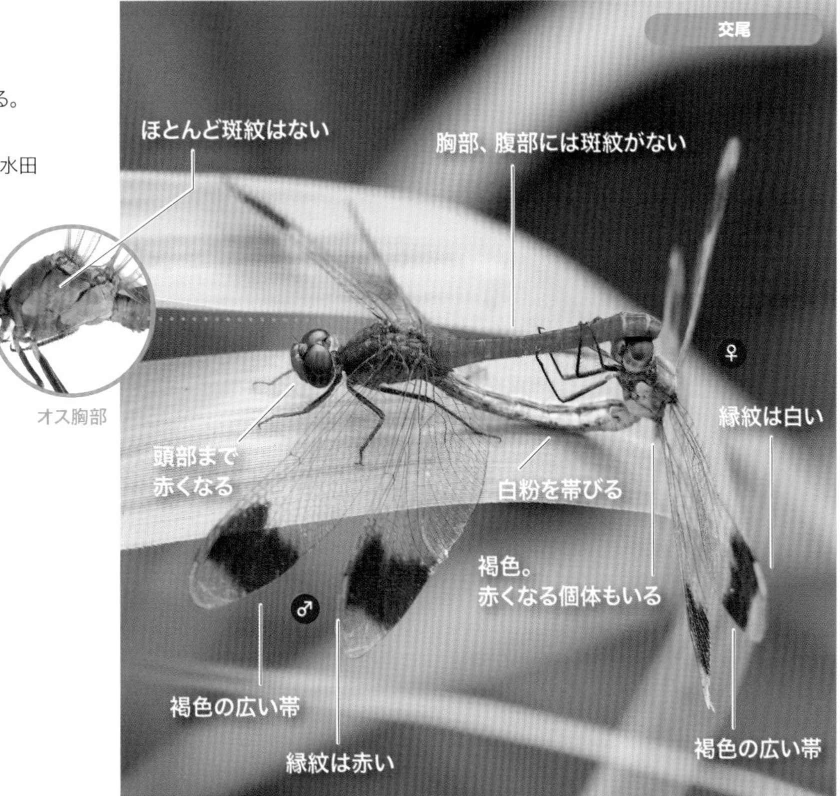

アカトンボの仲間④
翅に橙色の模様がある

アカトンボ属には、翅に橙色の斑紋をもつ種類がいる。オオキトンボはアカトンボ属の最大種で、翅全体が色付く。キトンボはひとまわり小型で翅の前縁と下半分が橙色。ネキトンボは胸部に黒い紋があり、翅の付け根だけが橙色なのが特徴だ。

オオキトンボ

Sympetrum uniforme

平地の遠浅の池にすむ。アカトンボ類でもっとも大きい。環境省レッドリスト絶滅危惧IB類(EN)。

時 初夏〜秋　場 日向の池　分 本州・四国・九州

♂ 44-51mm　♀ 46-52mm

キトンボ

Sympetrum croceolum

森林が近くにあり、比較的透明度の高い池を好む。オオキトンボよりひとまわり小さい。

時初夏〜秋　場日向の池　分北海道・本州・四国・九州

♂37-47mm　♀37-47mm

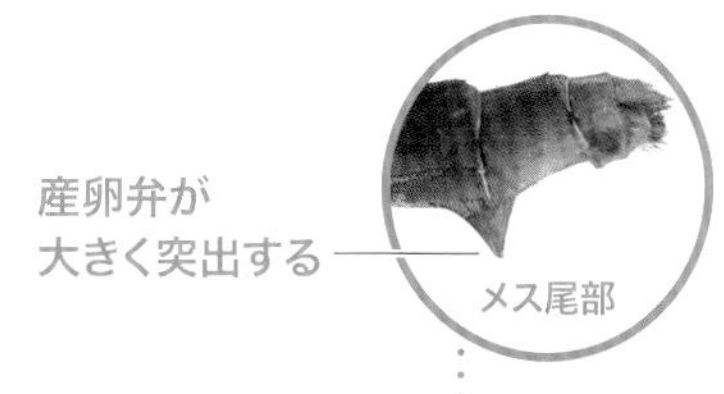

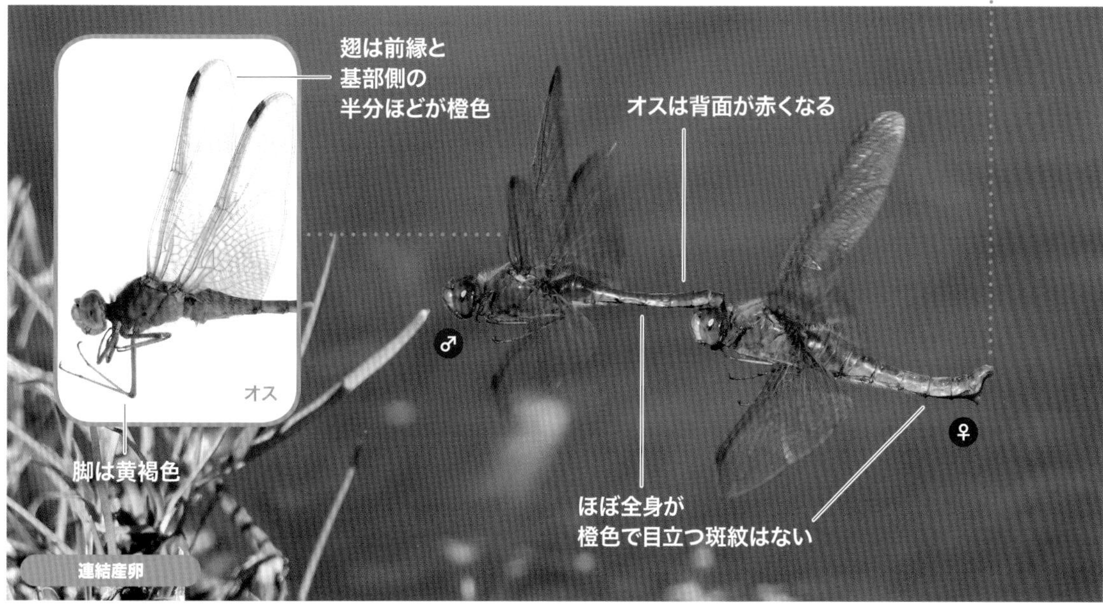

ネキトンボ

Sympetrum speciosum

樹林が近くにある池に生息する。他の2種にくらべ黒色部が発達する。

時初夏〜秋　場日向の池　分本州・四国・九州

♂39-48mm　♀38-46mm

アカトンボの仲間⑤ 赤くならない

アカトンボ属の多くは成熟するとオスの体が赤くなるが、中には同じアカトンボ属でありながら、成熟すると黒くなったり青灰色の粉を吹く種類もいる。ここに紹介するのはそんな「赤くならないアカトンボ」の仲間たちだ。

ナニワトンボ

Sympetrum gracile

木陰の多い池を好む。
色が似ているシオカラトンボの仲間(P.106)よりもずっと小さい。
時 初夏〜秋　場 日陰の池　分 本州・四国
♂ 32-39mm　♀ 32-37mm

♂(未成熟)

連結産卵

マダラナニワトンボ

Sympetrum maculatum

平地〜丘陵地の日当たりが良く、秋に水位が下がって岸が露出する浅い池を好む。環境省レッドリスト絶滅危惧IB類(EN)。

時夏〜秋　場日向の池　分本州

♂35-40mm　♀34-40mm

ムツアカネ

Sympetrum danae

冷涼な気候の地域、高原の池や湿地に生息する。オスはアカトンボ属でもっとも黒っぽい。

時夏〜秋　場湿地　分北海道・本州(山岳地帯)

♂29-38mm　♀26-36mm

アカトンボの仲間⑥
海外から飛来する

秋が深まるころ、北西の季節風に乗って海外から飛んでくるアカトンボたちがいる。日本海側の海に近い水田や湿地で見つかることが多いが、飛来してからも移動するようで、各地に広く記録がある。秋になったらそんな「海外のアカトンボ」を探してみるのも楽しい。

スナアカネ
Sympetrum fonscolombii

海岸近くで見つかることが多いが、夏に標高1000m以上の山地で見つかることもある。

時夏～秋　場日向の池　分北海道・本州・四国・九州・沖縄
♂37-46mm　♀37-43mm

タイリクアキアカネ

Sympetrum depressiusculum

アキアカネ(P.92)に似るが小型。海岸近くの水田や湿地で見つかることが多い。

時 秋　場 湿地・水田　分 北海道・本州・四国・九州・沖縄

♂ 29-40mm　♀ 27-40mm

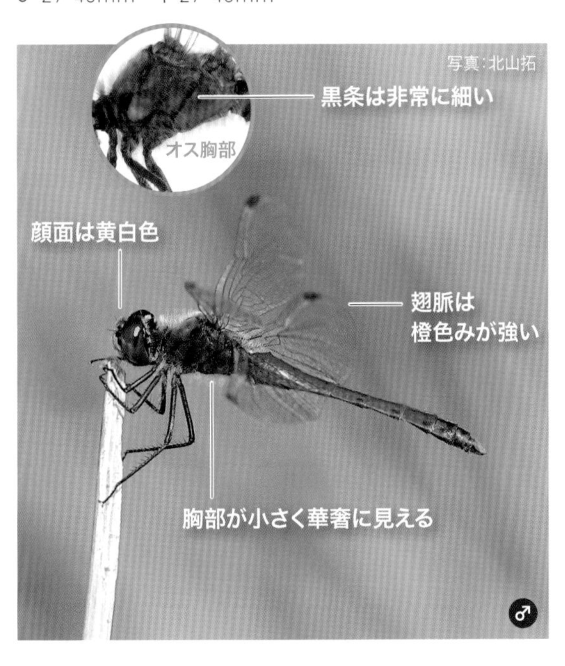

オナガアカネ

Sympetrum cordulegaster

「オナガ」の和名はメスの産卵弁が長いことに由来。海岸近くの水田や湿地で見られる。

時 秋　場 湿地・水田　分 北海道・本州・四国・九州・沖縄

♂ 29-41mm　♀ 29-42mm

アカトンボ以外の「赤いトンボ」

厳密にはアカトンボ属の仲間をアカトンボとして扱うが、それ以外にも赤いトンボはいる。中でもショウジョウトンボのオスは全身が真っ赤になり、いかにも赤トンボといった風情。ハッチョウトンボやハネビロトンボも体が赤いが、大きさや止まり方などを参考に見分けたい。

ショウジョウトンボ

Crocothemis servilia

明るく開放的な池にすむ。最盛期は夏。

時 初夏～秋　場 日向の池・プール　分 北海道・本州・四国・九州・沖縄

♂ 41-55mm　♀ 38-50mm

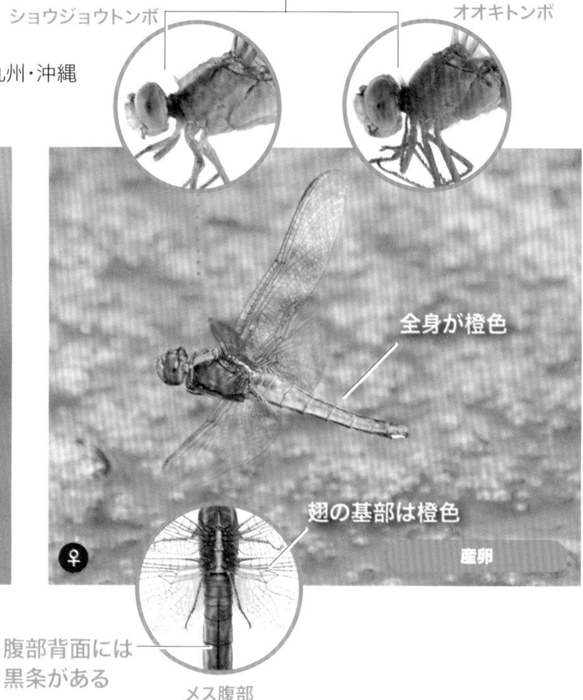

ウスバキトンボ

Pantala flavescens

飛んでいることが多く、水田の上などで群れ飛んでいることがある。

時 初夏～秋　場 水田・プール　分 北海道・本州・四国・九州・沖縄

♂ 44-52mm　♀ 45-54mm

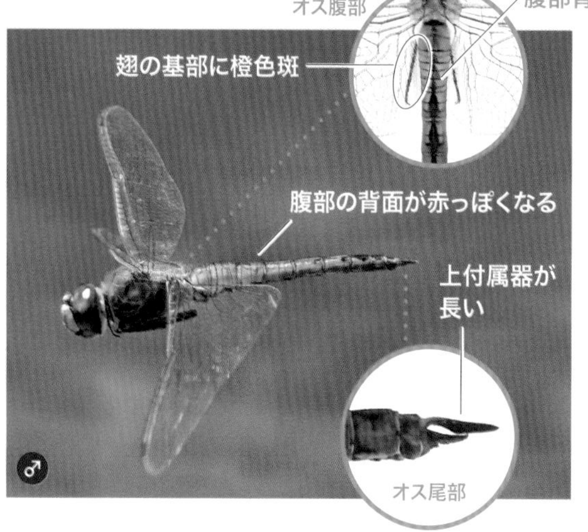

ハッチョウトンボ

Nannophya pygmaea

日本最小のトンボで他に同じくらいのサイズの種はいない。ミズゴケが生えるような浅い湿地にすむ。

時 初夏〜夏　場 湿地　分 本州・四国・九州

♂ 17-21mm　♀ 17-21mm

ハネビロトンボ

Tramea virginia

アカトンボ属各種よりも大型で翅が大きい。四国、九州以南に分布するが、全国に飛来。

時 初夏〜秋　場 日向の池　分 北海道・本州・四国・九州・沖縄

♂ 51-58mm　♀ 52-57mm

写真:油井雅樹

シオカラトンボと似たトンボの仲間

トンボの中でもよく知られているシオカラトンボ。街中の水辺にもいる身近な種類だが、意外と似ている種類が多い。共通点はオスが成熟すると「粉を吹く」こと。よく見るとそれぞれに違いがあるので、しっかり観察してみよう。

シオカラトンボ

Orthetrum albistylum

水田や日当たりの良い池、湿地などにすむ。

時 春　場 日向の池・水田・プール　分 北海道・本州・四国・九州・沖縄

♂ 47-61mm　♀ 47-61mm

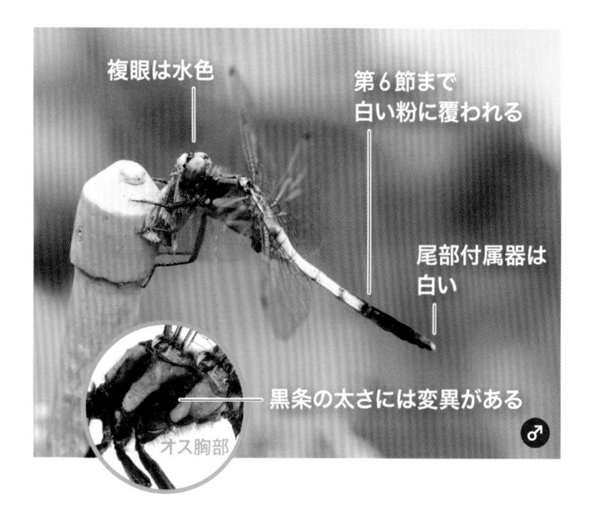

オオシオカラトンボ

Orthetrum melania

樹林に近い水田や池、湿地などにすむ。

時 初夏〜秋　場 湿地　分 北海道・本州・四国・九州・沖縄

♂ 49-61mm　♀ 49-60mm

シオヤトンボ

Orthetrum japonicum

P.106の2種より明らかに小型。樹林に近い水田や浅い湿地にすむ。

時春　場湿地　分北海道・本州・四国・九州

♂40-49mm　♀36-46mm

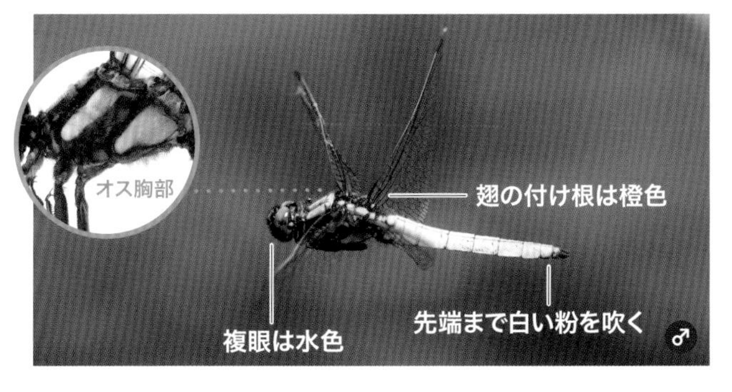

コフキトンボ

Deielia phaon

抽水植物の多い池や川の下流域に生息する。
メスには翅に帯があり、白い粉を吹かないオビトンボ型もいる。

時初夏〜秋　場日向の池　分北海道・本州・四国・九州・沖縄

♂37-48mm　♀37-46mm

ハラビロトンボ

Lyriothemis pachygastra

腹部が幅広いことが和名の由来。植物の繁茂した浅い湿地を好んですむ。

時初夏〜夏　場湿地　分北海道・本州・四国・九州

♂33-42mm　♀32-39mm

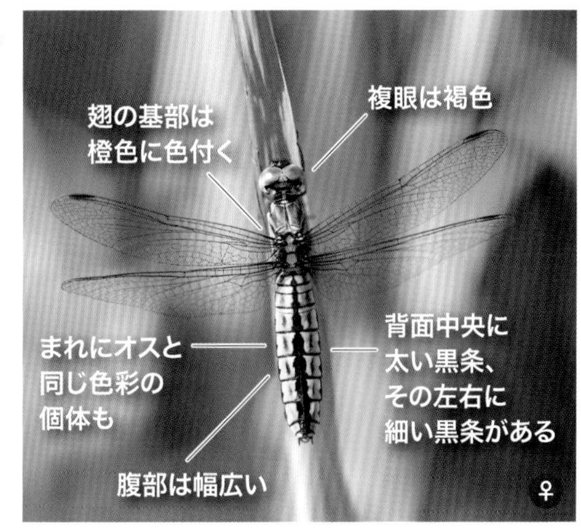

個性派のトンボたち

トンボ科の仲間は赤、青、黄色や黒、翅に模様があるものなど実に多様性に富んでいる。ここでは白い顔をもつカオジロトンボや翅に複数の斑紋をもつベッコウトンボ、翅が紫色に輝き、チョウのようにヒラヒラ飛ぶチョウトンボなど、特に個性的なトンボたちを紹介する。

ヨツボシトンボ

Libellula quadrimaculata

抽水植物の多い池に生息する。
まれにベッコウトンボに似た翅の斑紋を持つ個体がいる。

時 春・初夏　場 日向の池・湿地　分 北海道・本州・四国・九州
♂ 39-52mm　♀ 38-49mm

ベッコウトンボ

Libellula angelina

抽水植物が繁茂し、周囲に草原のある池に生息するが、現存産地が非常に少ないトンボのひとつ。環境省レッドリスト絶滅危惧IA類（CR）。

時 春～初夏　場 日向の池　分 本州・四国・九州
♂ 39-45mm　♀ 39-42mm

カオジロトンボ
Leucorrhinia dubia

ムツアカネ・マダラナニワトンボ（P.101）に似るが、顔面が白いことや腹部の斑紋で見分ける。
時 初夏〜夏　場 湿地
分 北海道・本州（山岳地帯）
♂ 32-39mm　♀ 31-38mm

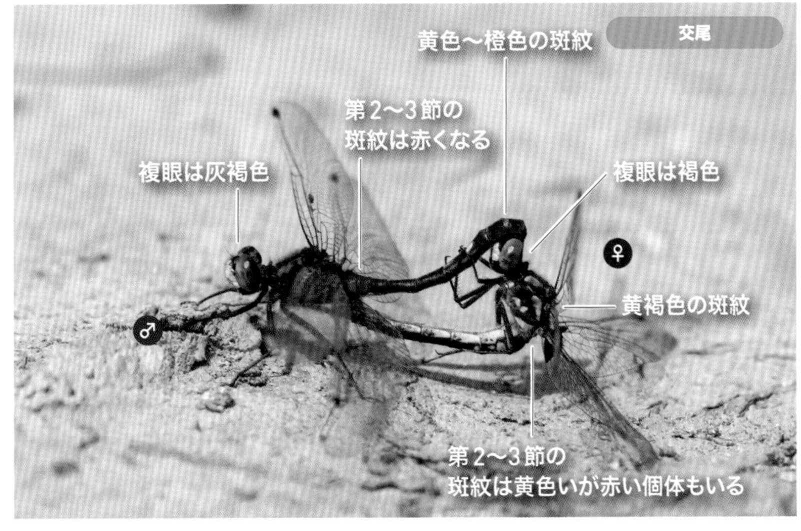

コシアキトンボ
Pseudothemis zonata

樹林に囲まれた薄暗い池に多いが、人工的な水辺でも見られる。
時 初夏〜秋　場 日陰の池　分 北海道・本州・四国・九州・沖縄
♂ 42-50mm　♀ 40-48mm

チョウトンボ
Rhyothemis fuliginosa

翅の表面に金属光沢がある。水生植物の繁茂する池にすむ。
時 初夏〜秋　場 日向の池　分 本州・四国・九州
♂ 34-42mm　♀ 31-38mm

分布拡大中のトンボたち

もともとは沖縄などの亜熱帯地域に分布していたが、温暖化の影響か分布を広げているトンボがいる。いかにも熱帯らしい華美さをもつベニトンボと、額が青く輝くアオビタイトンボだ。いつの間にか皆さんの地元にも現れ、当たり前のように見られる日がくるかもしれない。

ベニトンボ

Trithemis aurora

以前は九州以南に分布していたが、近年北上して近畿地方でも定着している。

時 初夏〜秋　場 日向の池　分 本州・四国・九州・沖縄

♂ 34-43mm　♀ 32-43mm

アオビタイトンボ

Brachydiplax chalybea

シオヤトンボやコフキトンボ(P.107)に似るが、胸部や腹部の模様と翅の橙色斑、額部分の光沢で見分ける。

時 初夏〜秋　場 日向の池　分 本州・四国・九州・沖縄

♂ 32-43mm　♀ 31-38mm

column

小笠原諸島のトンボたち

東京から南へ約1000kmの外洋に浮かぶ小笠原諸島は一度も他の大陸とつながったことがない海洋島で、たどり着いた生物たちは隔離された環境の中で独自の進化を遂げ、固有種、固有亜種が非常に多いことで知られています。トンボもその例外ではなく、5種の固有種が生息しています。1980年代まではいくつかの島々で普通に見ることができたというこれらの固有トンボですが、1990年代に入るころから、父島・母島という2つの大きな有人島からは急激に姿を消していきました。その理由として最有力視されているのが北米原産の外来トカゲ、グリーンアノールの侵入です。現在、行政が主導してグリーンアノールの駆除が行われ、研究者やNPO、ボランティアの方々も協力し無人島に渇水時の逃げ場にもなるトンボ池を作るなど、保全事業が行われています。深い青色をした海に浮かぶ美しい島々で、彼らがいつまでもその美しい姿を見せてくれるよう、願ってやみません。

オガサワラアオイトトンボ

アオイトトンボ科　体長42~50mm

小笠原諸島の父島列島固有種。現存する確実な産地は無人島の弟島のみ。樹林の中の池や湿地に生息し、水面に張り出した木の枝や葉に産卵する生態をもつ。人工トンボ池にも比較的よく飛来し繁殖するが安定しない。環境省のレッドリストでは最も絶滅リスクが高い絶滅危惧IA類（CR）に区分されている。

オガサワライトトンボ

イトトンボ科　体長32~37mm

小笠原諸島固有種。樹林に囲まれた植物の多い池や湿地、川の淀みに生息する。人工トンボ池にも比較的よく飛来し、繁殖する。国指定の天然記念物。

ハナダカトンボ

ハナダカトンボ科　体長29~38mm

小笠原諸島固有種。父島列島では兄島・弟島、母島列島では母島に生息するが、現存産地はごくわずか。樹林を流れる渓流に生息するため、渇水の影響を受けやすい。国指定の天然記念物。環境省のレッドリストでは2番目に絶滅リスクが高い絶滅危惧IB類（EN）に区分されている。

シマアカネ

トンボ科　35~39mm

小笠原諸島の固有種。樹林に囲まれた川の源流域や水がわずかに流れる湿地に生息する。国指定の天然記念物。

オガサワラトンボ

エゾトンボ科　50~57mm

小笠原諸島の固有種。かつて分布していた母島列島と父島では絶滅し、現存する産地は無人島の兄島と弟島のみ。樹林の中の池や川の淀みに生息する。人工トンボ池でも繁殖するが、あまり安定しない。国指定の天然記念物。環境省のレッドリストでは最も絶滅リスクが高い絶滅危惧IA類（CR）に区分されている。

column

琉球列島の代表的なトンボ

沖縄をはじめとする琉球列島（鹿児島県のトカラ列島以南の島々）では、本州との共通種も見られますが、おおむね亜熱帯の気候区分に属することもあって、東南アジアや台湾との共通種や、それらと関係の深い種が多く分布しています。特に固有種や固有亜種が多いのが特徴で、これは琉球列島が大陸と地続きだった時代にやってきた共通の祖先が、その後の地殻変動で分断された島々に取り残され、それぞれの環境に適応して独自の進化を遂げたためでしょう。固有種の多くは流水性のトンボですが、これは成虫の移動性が低いためでしょう。一方、より南方の地域（東南アジアなど）との共通する種として、トンボ科のベッコウチョウトンボなど多くの広域分布種があります。またアカスジベッコウトンボなど、比較的近年になってから琉球列島に飛来し、新天地として定着したトンボたちも少なくありません。

リュウキュウルリモントンボ

モノサシトンボ科　体長43-55mm

沖縄諸島と奄美諸島の固有種。島ごとに変異があり、両諸島では別の亜種に分けられている。森林の中の水たまりや流れの緩やかな小川にすむ。

リュウキュウハグロトンボ

カワトンボ科　体長58-67mm

沖縄諸島と奄美諸島の固有種で、それぞれに若干の違いが見られる。オスの翅は光を浴びると青白く輝き、とても美しい。山あいの川の上〜中流域にすむ。

ヤンバルトゲオトンボ

トゲオトンボ科　体長34-48mm

沖縄島の固有種。水の滴る崖や源流域にすむ。トゲオトンボ科は国内では四国・九州から琉球列島にかけて分布する南方系のグループ。和名のトゲオ（棘尾）は、♂の腹部第9節の背面に小さな突起があることから。

ヤエヤマハナダカトンボ

ハナダカトンボ科　体長29-38mm

西表島の固有種。森林を流れる川の源流域にすむ。前額が突出していることから、ハナダカトンボの名前がついた。近縁種は小笠原諸島に分布している。

イリオモテミナミヤンマ

ミナミヤンマ科　体長75-87mm

西表島の固有種。川の源流部にすむ大型のヤンマ類。成虫は林道の上など開けた空間を、ときに群れを作って飛ぶ。メスの翅には独特の模様があり、トンボ愛好家に人気がある。

オキナワサラサヤンマ

ヤンマ科　体長53-63mm

沖縄島の固有種で「やんばる」と呼ばれる北部地域にだけ分布している小型のヤンマ。4月ごろ、晴れた日の日中に飛んでいる姿がよく見られる。

ベッコウチョウトンボ

トンボ科　体長33-45mm

台湾や東南アジアに広く分布する。国内では奄美諸島以南の島々で見られる。翅には橙黄色と濃褐色のまだら模様があってよく目立つ。植物が繁茂した池でよく見られる。

アカスジベッコウトンボ

トンボ科　体長38-45mm

台湾や中国、東南アジアからインドにかけて広く分布する。日本では2006年に著者（尾園）によって与那国島で発見された。その後分布を広げ、現在は西表島や石垣島にも定着している。

column

北海道の代表的なトンボ

北海道には本州中〜北部との共通種のほか、ロシアやヨーロッパなどと共通する北方系の種類が多く分布しています。広大な湿原や池沼、河川が多く、トンボの種類、個体数とも豊富ですが、近年では環境の変化によって絶滅が心配される種もあります。国内で北海道だけに分布するトンボには、エゾアオイトトンボ、カラフトイトトンボ、キタイトトンボ、アカメイトトンボ、イイジマルリボシヤンマ、クモマエゾトンボ、エゾカオジロトンボの7種があります。また本州との共通種でもコエゾトンボ、コヤマトンボやリスアカネのように、北海道の個体群は他の地域と違った特徴をもち、研究者によっては亜種として分けているものもあります。一方で西南日本に分布するいわゆる南方系の種は少なかったのですが、近年では温暖化の影響か、かつては記録がなかったクロスジギンヤンマやショウジョウトンボが侵入、増加していて、北海道在来の種との競合も懸念されています。

エゾアオイトトンボ

アオイトトンボ科　体長34-40mm

アオイトトンボ（P.41）に非常によく似るが、尾部付属器などで見分けられる。樹林に囲まれた植生豊かな池にすむ。

アカメイトトンボ

イトトンボ科　体長37-42mm

オスは特徴的な赤い複眼をもつ。水生植物が豊富な池や湖に生息。環境省レッドリスト絶滅危惧IA類（CR）に区分。

キタイトトンボ

イトトンボ科　体長27-33mm

エゾイトトンボ・オゼイトトンボ（P.46）に似るが体色や斑紋、尾部付属器で区別できる。植生豊かな池や湿地にすむ。

カラフトイトトンボ

イトトンボ科　体長37-42mm

エゾイトトンボに似るが、より大型で黒っぽく見える。メスは青色と緑色の個体がいる。湧水のある池や川の淀みにすむ。

イイジマルリボシヤンマ

ヤンマ科　体長67-78mm

ルリボシヤンマ（P.68）に似るがやや小型。胸部の斑紋が発達することなどで見分けられる。抽水植物が繁茂する湿原に生息。

コエゾトンボ北海道個体群

エゾトンボ科　体長53～60mm

エゾトンボに似るが胸部に斑紋がない。オスの尾部付属器は角ばった独特の形。別亜種が長野、山梨から記録されている。

エゾアカネ

トンボ科　体長33-39mm

胸部の黒条は細く、腹部の黒色斑が発達する。翅の基部には橙色斑がある。植生豊かな池や湿地に生息する。環境省レッドリスト絶滅危惧IB類（EN）に区分されている。

リスアカネ北海道個体群

トンボ科　体長31-46mm

本州の個体群（P.97）と比較してやや小型で、胸部の黒条が発達し、翅端の黒褐色斑が消失する傾向がある。樹林に囲まれた池や湿地にすむ。

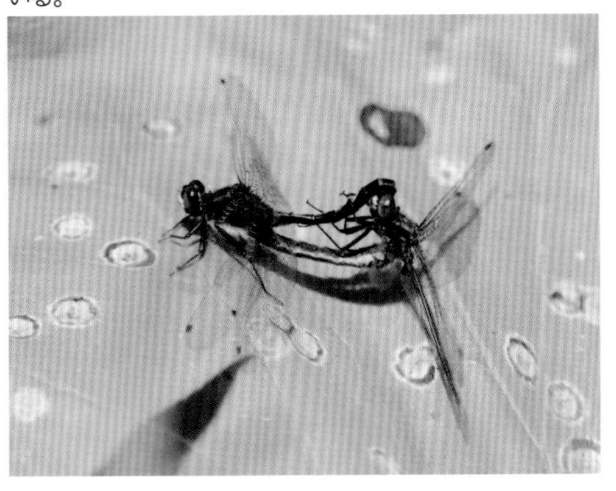

エゾカオジロトンボ

トンボ科　体長37-44mm

カオジロトンボ（P.109）に似るが、やや大型で腹部の斑紋が発達し、メスは翅に橙色の斑紋があることなどで区別できる。植物の豊富な池や湿原にすむ。

column

トンボの幼虫　ヤゴ

トンボの幼虫は「ヤゴ」と呼ばれています。ほぼすべてのヤゴは水中で生活する水生昆虫で、川の上流、中流、下流、池や湖、浅い湿地など、種ごとに異なる環境で見られます。その多くは水中で植物につかまったり水底の泥に浅く潜って暮らしていますが、ムカシヤンマのように湿地に穴を掘って暮らしているものもいます。トンボの成虫と異なり、ヤゴの形は変化に富んでいて、実にさまざま。亜目や科といったグループごとに似た特徴を持ち、イトトンボ科やカワトンボ科など、均翅亜目のヤゴは成虫と同じく細長い体型をしていて、腹部の先に3枚の尾鰓(びさい)と呼ばれる呼吸器官を持ちます。一方、ムカシトンボ亜目や不均翅亜目のヤゴは成虫とはだいぶ違う形態をしていて、腹部の中の直腸鰓(ちょくちょうさい)と呼ばれる器官で呼吸しています。特にサナエトンボ科のヤゴは個性的で、中には枯葉に擬態したコオニヤンマのように、どうしてこれがあの細長いトンボになるの?と驚くような形をしたものも。すべてのヤゴは成虫のトンボと同じように肉食性で、ミジンコやユスリカの幼虫のような小さなものから、大きなヤゴでは小魚までを捕食します。このとき、ふだんは折りたたんで収納している口器の一部「下唇(かしん)」をマジックハンドのように瞬時に伸ばして捕獲するのがヤゴの大きな特徴です。ヤゴは10回前後の脱皮をして成長すると、やがて上陸して羽化し、トンボとなって大空へ飛び立ちます。ヤゴの期間は短いものではウスバキトンボのように約一ヶ月、長いものではムカシトンボのように5年以上と、種類によってかなりの違いがあります。

ムカシヤンマ幼虫

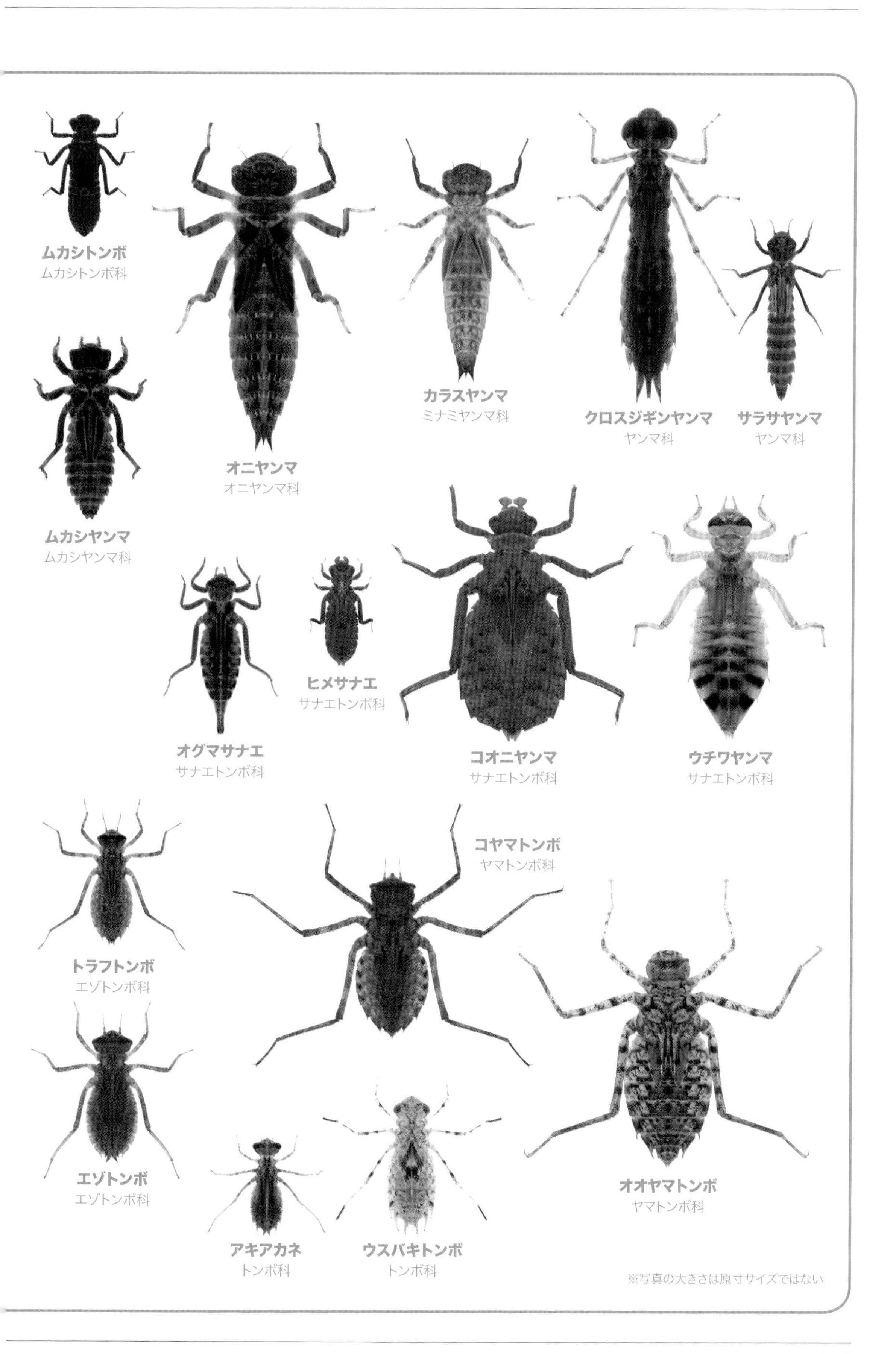
ムカシトンボ
ムカシトンボ科
オニヤンマ
オニヤンマ科
カラスヤンマ
ミナミヤンマ科
クロスジギンヤンマ
ヤンマ科
サラサヤンマ
ヤンマ科
ムカシヤンマ
ムカシヤンマ科
オグマサナエ
サナエトンボ科
ヒメサナエ
サナエトンボ科
コオニヤンマ
サナエトンボ科
ウチワヤンマ
サナエトンボ科
トラフトンボ
エゾトンボ科
コヤマトンボ
ヤマトンボ科
エゾトンボ
エゾトンボ科
アキアカネ
トンボ科
ウスバキトンボ
トンボ科
オオヤマトンボ
ヤマトンボ科
※写真の大きさは原寸サイズではない

さくいん

太字の数字は「くらべてわかる図鑑」でその種を紹介しているページ、細字の数字はコラムなどで紹介しているページです。

ア

カ

サ

タ

ナ

ハ

マ

ヤ

ラ

おぞのあきら
尾園暁

1976年大阪府生まれ。昆虫写真家。近畿大学、琉球大学大学院で昆虫学を学び、昆虫写真家に。自宅のある神奈川県を中心に、各地で昆虫たちの生態を追う。ライフワークはトンボの生態撮影。日本写真家協会（JPS）、日本自然科学写真協会（SSP）、日本トンボ学会会員。著書に『ネイチャーガイド 日本のトンボ』『タマムシハンドブック』（ともに文一総合出版）など多数。

【参考文献】

『ネイチャーガイド　日本のトンボ』尾園暁 ほか著（文一総合出版）
『ヤゴハンドブック』尾園暁ほか著（文一総合出版）
『ぜんぶわかる！　トンボ』尾園暁 著（ポプラ社）
『トンボ博物学―行動と生態の多様性』フィリップ・S・コーベット著／椿宜高 ほか監訳（海游舎）
『日本産トンボ幼虫・成虫検索図説』石田 昇三 ほか著（東海大学出版会）
『近畿のトンボ図鑑』山本哲央 ほか著（いかだ社）
『日本産トンボ大図鑑』浜田康／井上清著（講談社）
「展示解説書『大空の覇者　トンボ』（2012年度特別展「大空の覇者―大トンボ展―」展示解説書）」（神奈川県立生命の星・地球博物館）
『原色日本トンボ幼虫・成虫大図鑑』杉村光俊ほか著 北海道大学出版

特別協力 ―― 二橋亮・喜多英人
写真協力 ―― 油井雅樹・喜多英人・北山拓・堀田実・南出安博・山本哲央
資料協力 ―― 飯田貢・苅部治紀・喜多英人・齋藤舜貴・詫間由一・染谷保
玉田明洋・中田達哉・二橋弘之・二橋亮・堀田実・森田倫太郎
装幀・アートディレクション ―― 美柑和俊［MIKAN-DESIGN］
本文デザイン ―― 滝澤彩佳［MIKAN-DESIGN］
編集 ―― 手塚海香［山と溪谷社］

くらべてわかるトンボ

2023年8月20日　初版第1刷発行
2024年9月15日　初版第2刷発行

著者 ―― 尾園暁
発行人 ―― 川崎深雪
発行所 ―― 株式会社 山と溪谷社
〒101-0051 東京都千代田区神田神保町1丁目105番
https://www.yamakei.co.jp/
印刷・製本 ―― 株式会社シナノ

乱丁・落丁、及び内容に関するお問合せ先
山と溪谷社自動応答サービス　TEL.03-6744-1900
受付時間／11:00-16:00（土日、祝日を除く）
メールもご利用ください。
【乱丁・落丁】service@yamakei.co.jp　【内容】info@yamakei.co.jp

書店・取次様からのご注文先
山と溪谷社受注センター
TEL.048-458-3455 FAX.048-421-0513

書店・取次様からのご注文以外のお問合せ先
eigyo@yamakei.co.jp

＊定価はカバーに表示してあります。
＊乱丁・落丁などの不良品は送料小社負担でお取り替えいたします。

＊本書の一部あるいは全部を無断で複写・転写することは著作権者および発行所の権利の侵害となります。

ISBN978-4-635-06359-3

©2023 Akira Ozono All rights reserved.

Printed in Japan